essentials

Essentials liefern aktuelles Wissen in konzentrierter Form. Die Essenz dessen, worauf es als „State-of-the-Art" in der gegenwärtigen Fachdiskussion oder in der Praxis ankommt. Essentials informieren schnell, unkompliziert und verständlich

- als Einführung in ein aktuelles Thema aus Ihrem Fachgebiet
- als Einstieg in ein für Sie noch unbekanntes Themenfeld
- als Einblick, um zum Thema mitreden zu können

Die Bücher in elektronischer und gedruckter Form bringen das Expertenwissen von Springer-Fachautoren kompakt zur Darstellung. Sie sind besonders für die Nutzung als eBook auf Tablet-PCs, eBook-Readern und Smartphones geeignet.

Essentials: Wissensbausteine aus den Wirtschafts, Sozial- und Geisteswissenschaften, aus Technik und Naturwissenschaften sowie aus Medizin, Psychologie und Gesundheitsberufen. Von renommierten Autoren aller Springer-Verlagsmarken.

Hermann Sicius

Kohlenstoffgruppe: Elemente der vierten Hauptgruppe

Eine Reise durch das Periodensystem

Dr. Hermann Sicius
Dormagen
Deutschland

Dieses Buch ist gewidmet:
Susanne Petra Sicius-Hahn
Elisa Johanna Hahn
Fabian Philipp Hahn
Dr. Gisela Sicius-Abel

ISSN 2197-6708   ISSN 2197-6716 (electronic)
essentials
ISBN 978-3-658-11165-6   ISBN 978-3-658-11166-3 (eBook)
DOI 10.1007/978-3-658-11166-3

Die Deutsche Nationalbibliothek verzeichnet diese Publikation in der Deutschen Nationalbibliografie; detaillierte bibliografische Daten sind im Internet über http://dnb.d-nb.de abrufbar.

Springer Spektrum

Gedruckt auf säurefreiem und chlorfrei gebleichtem Papier

Springer Fachmedien Wiesbaden ist Teil der Fachverlagsgruppe Springer Science+Business Media
(www.springer.com)

Was Sie in diesem Essential finden können

- Eine umfassende Beschreibung von Herstellung, Eigenschaften und Verbindungen der Elemente der vierten Hauptgruppe
- Aktuelle und zukünftige Anwendungen
- Ausführliche Charakterisierung der einzelnen Elemente

Inhaltsverzeichnis

Einleitung 1

Willkommen bei den Elementen der vierten Hauptgruppe (Kohlenstoffgruppe), die wie alle Hauptgruppen von der dritten bis zur siebten sehr unterschiedliche Gesichter zeigt. Die Atome der dieser Elemente nehmen entweder vier Elektronen auf (wie Kohlenstoff) oder geben meist zwei oder vier ab (wie beispielsweise Silicium oder Zinn), um eine stabile Elektronenkonfiguration zu erreichen.

Kohle ist seit vorgeschichtlicher Zeit bekannt, und Diamant als zweite wichtige Modifikation des Kohlenstoffs ist bereits in chinesischen Quellen aus dem dritten Jahrtausend vor Christus erwähnt. Seit der Bronzezeit kennen die Menschen Blei, Zinn auch schon seit etwa 5000 Jahren. Dass Sand Silicium zugrunde liegt, wissen wir aber erst seit rund zwei Jahrhunderten, und Germanium wurde vor rund 130 Jahren das erste Mal beschrieben und charakterisiert. Selbst Atome des Fleroviums konnten erstmals schon 1999 dargestellt werden. Wir haben also eine schon lange bekannte Familie von Elementen vor uns. Ist sie deshalb langweilig? Mit Sicherheit nicht, wie ständig neue Forschungsergebnisse zeigen.

Das Nichtmetall Kohlenstoff ist in seiner Modifikation Graphit ein hochschmelzender Feststoff, ebenso die Halbmetalle Silicium und Germanium. Zinn und Blei, die metallischen Vertreter dieser Gruppe, weisen dagegen tiefe Schmelzpunkte auf. Flerovium ist möglicherweise sogar ein leicht flüchtiges Halbedelmetall. Sie finden sie alle im untenstehenden Periodensystem in der Gruppe H 4.

Elemente werden eingeteilt in Metalle (z. B. Natrium, Calcium, Eisen, Zink), Halbmetalle wie Arsen, Selen, Tellur sowie Nichtmetalle wie beispielsweise Sauerstoff, Chlor, Jod oder Neon. Die meisten Elemente können sich untereinander verbinden und bilden chemische Verbindungen; so wird z. B. aus Natrium und Chlor die chemische Verbindung Natriumchlorid, also Kochsalz).

Einschließlich der natürlich vorkommenden sowie der bis in die jüngste Zeit hinein künstlich erzeugten Elemente nimmt das aktuelle Periodensystem der Ele-

© Springer Fachmedien Wiesbaden 2016
H. Sicius, *Kohlenstoffgruppe: Elemente der vierten Hauptgruppe,* essentials,
DOI 10.1007/978-3-658-11166-3_1

H 1	H 2	N 3	N 4	N 5	N 6	N 7	N 8	N 9	N 10	N 1	N 2	H 3	H 4	H 5	H 6	H 7	H 8
1 H																	2 He
3 Li	4 Be											5 B	6 C	7 N	8 O	9 F	10 Ne
11 Na	12 Mg											13 Al	14 Si	15 P	16 S	17 Cl	18 Ar
19 K	20 Ca	21 Sc	22 Ti	23 V	24 Cr	25 Mn	26 Fe	27 Co	28 Ni	29 Cu	30 Zn	31 Ga	32 Ge	33 As	34 Se	35 Br	36 Kr
37 Rb	38 Sr	39 Y	40 Zr	41 Nb	42 Mo	43 Tc	44 Ru	45 Rh	46 Pd	47 Ag	48 Cd	49 In	50 Sn	51 Sb	52 Te	53 I	54 Xe
55 Cs	56 Ba	57 La	72 Hf	73 Ta	74 W	75 Re	76 Os	77 Ir	78 Pt	79 Au	80 Hg	81 Tl	82 Pb	83 Bi	84 Po	85 At	86 Rn
87 Fr	88 Ra	89 Ac	104 Rf	105 Db	106 Sg	107 Bh	108 Hs	109 Mt	110 Ds	111 Rg	112 Cn	113 Uut	114 Fl	115 Uup	116 Lv	117 Uus	118 Uuo

Ln >	58 Ce	59 Pr	60 Nd	61 Pm	62 Sm	63 Eu	64 Gd	65 Tb	66 Dy	67 Ho	68 Er	69 Tm	70 Yb	71 Lu
An >	90 Th	91 Pa	92 U	93 Np	94 Pu	95 Am	96 Cm	97 Bk	98 Cf	99 Es	100 Fm	101 Md	102 No	103 Lr

Radioaktive Elemente *Halbmetalle*

H: Hauptgruppen N: Nebengruppen

Abb. 1.1 Periodensystem der Elemente

mente (Abb. 1.1) bis zu 118 Elemente auf, von denen zur Zeit noch vier Positionen unbesetzt sind.

Die Einzeldarstellungen der insgesamt sechs Vertreter der Gruppe der Elemente der vierten Hauptgruppe enthalten dabei alle wichtigen Informationen über das jeweilige Element, so dass ich hier nur eine kurze Einleitung vorangestellt habe.

Vorkommen

Silicium ist das zweithäufigste Element und zu einem Viertel am Aufbau der Erdhülle beteiligt. Kohlenstoff ist nicht so häufig, aber die Grundlage jeglichen Lebens auf der Erde. Germanium, Zinn und Blei sind mit Anteilen von einigen ppm in der Erdhülle enthalten und damit wesentlich seltener.

Silicium kommt in einer riesigen Vielfalt von Gesteinen (z. B. Lava) und Mineralien (Quarz) vor, Zinn bzw. Blei meist in Form oxidischer (Zinnstein) bzw. sulfidischer Erze (Bleiglanz).

© Springer Fachmedien Wiesbaden 2016 3
H. Sicius, *Kohlenstoffgruppe: Elemente der vierten Hauptgruppe,* essentials,
DOI 10.1007/978-3-658-11166-3_2

Kohlenstoff wird in Form von Graphit oder Diamant abgebaut. Silicium gewinnt man, bildlich gesprochen, durch Reduktion von Sand mit Kohle. Zinn und Blei werden meist durch Rösten ihrer sulfidischen Erze hergestellt.

© Springer Fachmedien Wiesbaden 2016

H. Sicius, *Kohlenstoffgruppe: Elemente der vierten Hauptgruppe*, essentials,

DOI 10.1007/978-3-658-11166-3_3

Eigenschaften 4

4.1 Physikalische Eigenschaften

Wie bereits erwähnt, ist Kohlenstoff ein reines Nichtmetall, tritt aber in einer Vielzahl von Modifikationen auf. Bei Silicium und Germanium sind die Diamantstrukturen jeweils die stabilsten, die jedoch hier halbleitend sind.

Die physikalischen Eigenschaften sind auch in dieser Gruppe nur teilweise nach steigender Atommasse abgestuft. So nimmt vom Kohlenstoff zum Blei die Dichte zu, die Schmelz- und Siedepunkte sind bei den nicht- bzw. halbmetallischen Vertretern Kohlenstoff bzw. Silicium und Germanium wesentlich höher als bei den schwereren Metallen Zinn und Blei. So sublimiert Kohlenstoff (Graphit) bei Temperaturen um 3600°C, einer Temperatur, bei der alle anderen Elemente dieser Gruppe längst schon verdampft sind. Silicicium schmilzt bei ca. 1400°C, Germanium immerhin noch bei 938°C, wogegen Zinn mit 232°C und Blei mit 327°C sehr tief liegende Schmelpunkte aufweisen.

Auch in dieser Hauptgruppe weicht das Kopfelement (hier: Kohlenstoff) in seinen Eigenschaften deutlich von allen anderen ab. Silicium als zweites Element dieser Gruppe steht dem höheren Homologen, Germanium und sogar α-Zinn, näher als Kohlenstoff; auch seine Verbindungen (z. B. Wasserstoffverbindungen, Halogenide) ähneln mehr denen des Germaniums und Zinns, so dass man hier von einer homologen Reihe sprechen kann.

4.2 Chemische Eigenschaften

Die Elemente dieser Gruppe reagieren direkt nur noch mit Halogenen und reaktiven Chalkogenen wie Sauerstoff und meist auch Schwefel. Verbindungen, in denen sie mit Metallen auftreten und dabei den elektronegativeren Partner darstellen, sind

© Springer Fachmedien Wiesbaden 2016
H. Sicius, *Kohlenstoffgruppe: Elemente der vierten Hauptgruppe*, essentials,
DOI 10.1007/978-3-658-11166-3_4

relativ selten. Kohlenstoff, dessen Elektronegativität etwa in der Mitte der Skala liegt, reagiert vielmehr zu einer unglaublichen Vielfalt organischer Verbindungen, in denen seine Atome kovalent mit sich selbst oder anderen Nichtmetallatomen verbunden sind. Die Oxide der Elemente bilden nur noch schwache Säuren (z. B. Kohlensäure) oder sind amphoter (Zinn-IV-oxid); auch dies zeigt den Übergang zu einer mehrheitlich aus Metallen zusammengesetzten Gruppe von Elementen.

Einzeldarstellungen

Im folgenden Teil sind die Elemente der Kohlenstoffgruppe (vierte Hauptgruppe) jeweils einzeln mit ihren wichtigen Eigenschaften, Herstellungsverfahren und Anwendungen beschrieben.

5.1 Kohlenstoff

Symbol	C		
Ordnungszahl	6		
CAS-Nr.	7440-44-0		
Aussehen	Schwarz (Graphit) Farblos (Diamant) Gelbbraun (Lonsdaleit)	Graphit, Pulver (Sicius 2015)	Diamant, Koh-I-Noor (Diamant-Kontor 2015)
Entdecker, Jahr	Graphit/Kohle: prähistorisch Diamant: China, 2500 v. Chr.		
Wichtige Isotope [natürliches Vorkommen (%)]	Halbwertszeit (a)	Zerfallsart, -produkt	
$^{12}_{6}C$ (98,9)	Stabil	–	
$^{13}_{6}C$ (1,1)	Stabil	–	
Massenanteil in der Erdhülle (ppm)	870		
Atommasse (u)	12,011		
Elektronegativität (Pauling ♦ Allred&Rochow ♦ Mulliken)	2,55 ♦ K. A. ♦ K. A.		
Atomradius (pm)	70		

© Springer Fachmedien Wiesbaden 2016
H. Sicius, *Kohlenstoffgruppe: Elemente der vierten Hauptgruppe*, essentials,
DOI 10.1007/978-3-658-11166-3_5

Van der Waals-Radius (berechnet, pm)	170
Kovalenter Radius (pm)	76
Elektronenkonfiguration	[He] $2s^2\,2p^2$
Ionisierungsenergie (kJ/mol), erste ♦ zweite ♦ dritte ♦ vierte	1087 ♦ 2353 ♦ 4621 ♦ 6223
Magnetische Volumensuszeptibilität	Graphit: $-4{,}5 \times 10^{-4}$ Diamant: $-2{,}2 \times 10^{-5}$
Magnetismus	Diamagnetisch
Kristallsystem	Graphit: Hexagonal Diamant: Kubisch-flächenzentriert
Elektrische Leitfähigkeit ([A/V × m)], bei 300 K)	$1{,}276 \times 10^5$
Elastizitäts- ♦ Kompressions- ♦ Schermodul (GPa)	Diamant: 1050 ♦ 442 ♦ 478
Vickers-Härte ♦ Brinell-Härte (MPa)	Keine Angabe
Mohs-Härte	Graphit: 1–2 Diamant: 10
Schallgeschwindigkeit (m/s, bei 300,15 K)	Diamant: 18.350
Dichte (kg/m³, bei 273,15 K)	Graphit: 2,26 Diamant: 3,51
Molares Volumen (m³/mol, im festen Zustand)	Graphit: $5{,}31 \times 10^{-6}$ Diamant: $3{,}42 \times 10^{-6}$
Wärmeleitfähigkeit ([W/(m × K)])	Graphit: 119–165 Diamant: 900–2300
Spezifische Wärme ([J/(mol × K)])	Graphit: 8,517 Diamant: 6,155
Sublimationspunkt (°C ♦ K)	3642 ♦ 3915
Sublimationswärme (kJ/mol)	715

Vorkommen und Gewinnung Kohlenstoff kommt in der Natur sowohl elementar (Diamant, Graphit) als auch chemisch gebunden (z. B. als Carbonat, Kohlendioxid, Erdöl, Erdgas und Kohle) vor und zeigt von allen Elementen das größte Spektrum an Verbindungen, die unter anderem auch die Grundlage allen Lebens darstellen. Dem Massenanteil nach ist Kohlenstoff das wichtigste Element.

Aus geologischer Sicht betrachtet, liegen die bedeutendsten Lagerstätten für Diamant in Afrika (Südafrika, Kongo) und Russland, wo er in Minen abgebaut wird. Seltener findet man ihn in Vulkangestein eingelagert.

Reiner Graphit findet sich oft zusammen mit Quarz oder Feldspat, gelegentlich auch eingebettet in Sand- oder Kalkstein. Größere Vorkommen befinden sich in Indien, Brasilien, China und Nordkorea, oft in Dicken von mehr als einem Meter. Graphit gewinnt man heute meist durch Mahlen des umgebenden Gesteins und Flotieren des leichteren Graphits mit Wasser (Olson 2011). Graphit kommt amorph, in Schuppen sowie in Stücken oder Adern vor.

Amorpher Graphit kommt am häufigsten vor (China, Europa, Mexiko, USA) und erzielt nur niedrige Preise. Schuppenförmiger Graphit, den man z. B. in Österreich, Brasilien, Kanada, China, Deutschland und Madagaskar findet, ist seltener und bis zu vier Mal teurer, man setzt ihn auch in Flammschutzmitteln ein. Der wertvollste ist der in Form von Stücken oder Adern vorkommende, da er die höchste Reinheit und die günstigsten Eigenschaften besitzt; er wird aktuell aber nur auf Sri Lanka abgebaut.

Im Jahr 2010 wurden 1,1 Mio. t Graphit weltweit gefördert, davon entfielen 800.000 t auf China, 130.000 t auf Indien, 76.000 t auf Brasilien, 30.000 t auf Nordkorea und 25.000 t auf Kanada. In den USA stellte man 2009 118.000 t synthetischen Graphit eines Verkaufswertes von ca. \$1 Mrd. her (Olson 2011).

In riesigen Mengen vorhanden sind die fossilen Rohstoffe Kohle, Erdöl und Erdgas, die aber nur Gemische diverser organischer Verbindungen sind. Sie entstanden durch Einwirken hoher Drücke auf pflanzliche und tierische Überreste. In Europa existieren ausgedehnte Lagerstätten im Ruhrgebiet, in Oberschlesien und in den Ardennen, weitere in den USA, China und Russland. Große Vorkommen an Erdöl befinden sich auf der Arabischen Halbinsel, in Nordafrika und unter dem Golf von Mexiko, für Erdgas in der Nordsee und in Sibirien.

Viele Gebirge sind auf Carbonaten aufgebaut, so z. B. die Alpen, die Pyrenäen, die Rocky Mountains und die Anden. Typische Vertreter sind Calciumcarbonat ($CaCO_3$, als Kalkstein, Kreide und Marmor), Calcium-Magnesium-Carbonat (Dolomit, $CaCO_3 * MgCO_3$), Eisen-II-carbonat ($FeCO_3$, Eisenspat) und Zinkcarbonat ($ZnCO_3$, Zinkspat).

Gewinnung:
Diamant Nur wenige Branchen sind am Handel mit Diamanten beteiligt, für den auf der Welt auch nur vereinzelte Lagerstätten auf der Welt bestehen. Nur ein kleiner Teil des diamantführenden Erzes besteht wirklich aus Diamanten. Das Erz wird abgebaut und sorgfältig zerkleinert, damit größere Diamanten nicht zerstört werden. Danach sortiert man nach der Dichte der Teile, unterstützt durch Röntgenfluoreszenzspektroskopie, die das Sortieren per Hand erlaubt. Früher lief das zerkleinerte Gestein auf mit Fett bestrichenen Förderbändern, da Diamanten stärker als andere Bestandteile des Erzes auf Fett haften (Harlow 1998).

Bis in die 1750er Jahre war Indien über lange Zeit führend in der Produktion von Diamanten, verlor diese Rolle dann aber an Brasilien (Catelle 1911; Ball 1881; Hershey 1940). In Südafrika begann die Förderung von Diamanten aus Muttergesteinen wie Kimberlit erst in den 1870er Jahren und steigerte sich bis heute auf eine gesamte Förderleistung von 4,5 Mrd. Karat (96), dies mit knapp 1 Mrd. Karat allein in den letzten fünf Jahren. Neue Minen wurden oder werden bald in Kanada, Russland, Angola und Zimbabwe eröffnet (Janse 2007).

In den USA fand man Diamanten in Montana, Colorado und Arkansas (Janse 2007; Lorenz 2007). Jedoch befinden sich die heutzutage erfolgversprechendsten Lagerstätten in Russland, Botswana, Australien und der Demokratischen Republik Kongo. Russland steuerte 2005 ca. 20 % zur weltweiten Jahresförderung bei, Australien erzeugte in den 1990er Jahren rund 40 t/a.

Eigenschaften:

Diamant Im Diamant weist von jedem Kohlenstoffatom ausgehend ein sp^3-Orbital jeweils in die Ecke eines virtuellen Tetraeders. Die Substanz ist ein elektrischer Isolator mit einer -sehr großen-Bandlücke von 5,45 eV, der sichtbares Licht nicht absorbiert. Zugaben von Fremdatomen verändern die elektrischen und optischen Eigenschaften. So beruht der in einigen Diamanten vorhandene gelbe Farbton auf der Anwesenheit von Stickstoffatomen. Bläulich erscheinen die mit Boratomen dotierten Diamanten, die die Eigenschaften eines Halbleiters aufweisen (Collins 1993).

Diamant verbrennt ab Temperauren von 700 °C an der Luft zu Kohlendioxid und geht unter Luftausschluss bei Temperaturen von 1500 °C in Graphit über. (Der in früheren Jahrhunderten öfters gemachte Versuch, mehrere kleine zu einem großen Diamanten zusammen zu schmelzen, musste also scheitern.) Diamant ist durchsichtig und wird, da er die größte Härte aller natürlich vorkommenden Stoffe besitzt, als Schleifmittel benutzt.

Graphit Im Atomgitter des Graphits sind die kovalenten Bindungen innerhalb der Gitterebenen stärker als beim Diamanten; die Kohlenstoffatome sind sp^2-hybridisiert. Dagegen halten die Ebenen untereinander nur über Van-der-Waals-Kräfte zusammen, was für die leichte Spaltbarkeit des Graphits verantwortlich ist. Dessen schwarze Farbe wird durch die freien π-Elektronen bewirkt, ebenso die hohe elektrische Leitfähigkeit entlang der Ebenen (Deprez und Lachlan 1988). Graphit ist auch bei hoher Temperatur beständig und dient als Dichtungsmaterial, Schmierstoff und als Grundstoff für Bleistiftminen. Die Schmierwirkung von Graphit wird aber nur in Gegenwart von Spuren an Feuchtigkeit beobachtet, sonst kommt sie praktisch zum Erliegen (Dienwiebel et al. 2004).

Bis zu Temperaturen von etwa 4000 K ist Graphit thermodynamisch stabiler als Diamant, der als metastabiler Stoff nur deshalb „überlebt", weil die Aktivierungsenergie für die Umwandlung zu Graphit bis hinauf zu Temperaturen von ca. 400 °C sehr hoch ist. Umgekehrt sind für den Übergang von Graphit zu Diamant extrem hohe Drücke und Temperaturen erforderlich (z. B. 1500 °C und ca. 6 GPa, Zazula 1997).

Kohlenstoff hat die höchste Stabilität aller Materialien gegenüber sehr hohen Temperaturen. Er sublimiert bei Normaldruck bei 3642 °C, ohne zuvor an Festigkeit zu verlieren.

Lonsdaleit Diese „hexagonale"Modifikation des Diamanten kann man nur durch Einwirkung eines Druck- und Temperaturschocks auf Graphit erzeugen. Die hexagonale Struktur des Graphitgitters bleibt so erhalten, jedes Kohlenstoffatom ist aber an vier weitere, ebenso wie im Diamantgitter, kovalent gebunden (Clifford 1967). Auf ähnliche Weise erzeugter polykristalliner Diamant wird von Irifune et al. (2003) beschrieben.

Fullerene Ersetzt man einige der Sechsecke im hexagonalen Atomgitter des Graphits durch Fünfringe, so ist die neu gebildete Struktur nicht mehr planar, sondern enthält gekrümmte Flächen. Bei geeigneter Anordnung der Fünf- und Sechsringe zueinander entstehen runde, in sich abgeschlossene Gitter aus ebenfalls sp^2-hybridisierten Atomen. Die Struktur dieser Fullerene besteht im kleinstmöglichen Fall nur aus Fünfecken und somit aus 20 Atomen (Pentagon-Dodekaeder); dieses Molekül war bisher aber nur massenspektrometrisch nachweisbar. Das stabile Buckminster-Fulleren enthält 60 Kohlenstoffatome und neben Sechsecken nur Fünfecke, die an keiner ihrer Kanten an benachbarte Fünfecke grenzen; diese Ikosaederstruktur ähnelt der eines Fußballs. Untereinander sind diese aus Kohlenstoffatomen bestehenden Kugeln über schwache Van-der-Waals-Kräfte gebunden, ähnlich wie dies zwischen den Gitterebenen des Graphits der Fall ist. Es gibt inzwischen viele Fullerene, die möglicherweise auch „bei natürlich ablaufenden Prozessen" gebildet werden, z. B. beim Rußen einer brennenden Kerze.

Weitere Modifikationen
Im *amorphen Kohlenstoff* sind die Atome ordnungslos in stark schwankendem Verhältnis der Hybridisierungsanteile verbunden. Seine Eigenschaften liegen zwischen denen des Graphits und Diamants. Hergestellt wird er durch Mischen geeigneter Anteile der oben genannten Modifikationen im Nanobereich. Er ist Grundlage von Beschichtungen, die die Lebensdauer der beschichteten Teile stark erhöhen. Beispielsweise bewirkt eine auf normalem rostfreien Stahl aufgebrachte, 2 µm dicke Schicht eine Erhöhung der Lebensdauer von einer Woche bis zu 85 Jahren (!), dies unter sonst gleichen mechanischen Rahmenbedingungen („Diamond like Coating/Carbon", DLC)

Kohlenstoff-Fasern leiten sich von polykristallinem Graphit ab. In Form von Fasermatten und -bündeln geringer Festigkeit verwendet man sie zur Wärmeabdich-

Abb. 5.1 Glasartiger Kohlenstoff (*rechts*), Gewicht
570 g. Im Vergleich dazu
links ein Würfel reinen
Graphits mit Kantenlängen
von je 1 cm. (Alchemist-hp
2014)

tung. Durch Strecken bei der Herstellung resultieren hochfeste Fasern für Verbundwerkstoffe (Abb 5.1).

Glaskohlenstoff verhält sich teils wie Graphit, besitzt zudem aber keramische
Eigenschaften. Das Molekül-/Atomgitter ist ähnlich zu dem der Fullerene aufgebaut (Harris 2004). Seine elektrische Leitfähigkeit ist geringer als die des Graphits.

Mechanisches Spalten der Ebenen des Graphitgitters oder Aussetzen einer
zuvor mit bestimmten Stickstoffverbindungen behandelten Kupferoberfläche bei
420 °C gegenüber Methangas erzeugt extrem dünne Schichten von Kohlenstoffatomen auf der Metalloberfläche (Popular Mechanics 2015). Diese Schichten besitzen
meist nur die einem Atomdurchmesser entsprechende Dicke und sind hart, elektrisch leitend sowie langlebig. Man bezeichnet sie als *Graphen*. Die vielen möglichen Einsatzfelder umfassen z. B. Verbundwerkstoffe und elektronische Bauteile
(Solarmodule, medizinische Geräte, Brennstoffzellen). Die für die Qualität der Be-
schichtung wichtige Messgröße ist die Driftgeschwindigkeit von Ladungsträgern
oder Mobilität. Sie wird in $cm^2/V * s$ gemessen und erreicht im von Popular Mechanics veröffentlichten Bericht den sehr hohen Wert von 60.000. Weitere Ergebnisse werden von Lee et al. (2007) sowie von Sanderson (2008) berichtet.

Aktivkohle stellt man aus pflanzlichen, tierischen, mineralischen oder petroche-
mischen Stoffen wie Holz, Torf, Nussschalen, Kohle oder Kunststoffen her. Tier-
kohle ist aus tierischem Blut oder Knochen hergestellte Kohle. Herstellung und
Aktivierung erfolgen nach zwei möglichen Verfahren, der Gasaktivierung und der
chemischen Aktivierung.

Bei erstgenannter setzt man schon verkohltes Material bei ca. 900 °C mit einem
aus Luft, Wasserdampf und Kohlendioxid bestehenden Gasgemisch um; es entsteht poröse Hochaktivkohle. Bei letzterer behandelt man unverkohltes Material
mit entwässernden Chemikalien (Zinkchlorid, Phosphorsäure) bei 500–900 °C.
Die dabei resultierende rohe Aktivkohle aktiviert man dann bei 700–1000 °C im
gleichen Gasgemisch wie oben beschrieben.

Aktivkohle besitzt eine extrem große innere Oberfläche und filtert gelöste Stoffe geringer Konzentration aus Flüssigkeiten oder absorbiert Gase.

Ruß ist Kohlenstoff auf Grundlage von Graphit. Je reiner er ist, desto stärker bilden sich die Eigenschaften des Graphits heraus.

Kohlenstoff-Nanoröhren enthalten sp^2-hybridisierte Kohlenstoffatome in zylindrischer Anordnung, so als ob die Ebenen des Graphitgitters gerade oder auch verdreht aufgerollt sind. Diese Rohrwandung kann aus einer Schicht (single-walled) oder mehreren Schichten (multi-walled) von Gitterebenen bestehen. Die elektrische Leitfähigkeit ist bei jedem dieser Raummodelle unterschiedlich (Ebbesen 1997; Dresselhaus et al. 2001).

Carbon nanobuds stehen hinsichtlich ihrer Struktur und ihrer Eigenschaften zwischen Kohlenstoffnanoröhren und Fullerenen (Nasibulin et al. 2007).

Kohlenstoffnanoschaum ist ein *Aerogel*, eine ungeordnete, netzartige Anordnung von Graphitebenen. Strukturell ähnelt er Glaskohlenstoff, nur sind die Hohlräume mit 6–9 nm wesentlich größer. *Kohlenstoff-Aerogel* dagegen besteht aus agglomerierten Nanopartikeln (Rode et al. 1999).

Aerographit besitzt eine Dichte von 0,2 kg/m^3 (!) und ist damit der spezifisch leichteste Feststoff überhaupt. Dieses Netzwerk aus Kohlenstoffröhrchen lässt sich nahezu völlig komprimieren und wieder in die Ausgangsform auseinanderziehen.

Verbindungen Kohlenstoff geht nach Wasserstoff die größte Vielzahl chemischer Verbindungen ein. Kohlenstoffatome können Ketten und Ringe mit ihresgleichen sowie Einfach-, Doppel- und Dreifachbindungen bilden, dies mit Atomen sehr vieler Elemente. Die organische Chemie umfasst alle Kohlenstoffverbindungen mit Ausnahme der untengenannten und soll hier nicht weiter behandelt werden.

Verbindungen mit Wasserstoff/organische Verbindungen Der Vollständigkeit halber sei der einfachste Vertreter der organischen Chemie genannt, das Methan (CH_4). Es ist ein farb- und geruchloses, brennbares Gas vom Kondensationspunkt $-162\,°C$. Es ist Hauptbestandteil des Erdgases und bewirkt einen starken Treibhauseffekt, darüber hinaus enthält die Atmosphäre der sonnenfernen Gasplaneten Jupiter, Saturn, Uranus und Neptun sehr große Mengen gasförmigen, flüssigen oder sogar festen Methans (Schmelzpunkt: $-182\,°C$). Jährlich werden auf der Erde ca. 600 Mio. t (!) des Gases freigesetzt, davon sind zwei Drittel athropogen. Landwirtschaft, vor allem Reisanbau, und Rinderhaltung alleine sind für fast 60 %

der Emissionen verantwortlich. Die Verweildauer des Methans in der Atmosphäre beträgt 10 Jahre, was für einen merklichen Treibhauseffekt sorgen kann.

Verbindungen mit Sauerstoff Kohlendioxid (CO_2) wird durch Verbrennen von Kohle, Öl und Erdgas sowie bei der Ausatmung der meisten Organismen in großen Mengen emittiert und hat einen starken und lang andauernden Treibhauseffekt. Es wird zwar von den Pflanzen wieder bei der Photosynthese assimiliert, durch die großen weltweit erfolgenden Abholzungen sinkt aber die Aufnahmekapazität der Flora. Daher ist der Anteil des Kohlendioxids in der Atmosphäre seit den 1960er Jahren mittlerweile von 0,03% auf ca. 0,04% angestiegen. Kohlendioxid erstarrt und sublimiert direkt bei einer Temperatur von $-78\,°C$; man verwendet es dann als Kältemittel (Trockeneis).

Kohlendioxid ist das Anhydrid der Kohlensäure (H_2CO_3), deren Salze die Carbonate [z. B. Soda (Na_2CO_3), oder das die meisten Gebirge aufbauende Calciumcarbonat ($CaCO_3$) und Hydrogencarbonate (z. B. Natron, $NaHCO_3$)] sind. Kohlensäure ist eine schwache Säure und zersetzt sich leicht zu Kohlendioxid und Wasser.

Kohlenmonoxid (CO) ist ein giftiges Gas, da es die Aufnahme von Sauerstoff an den Farbstoff der roten Blutkörperchen verhindert. Es ist ein starkes Reduktionsmittel und wird hierfür in vielen industriellen Synthesen eingesetzt.

Das übelriechende, giftige Trikohlenstoffdioxid (C_3O_2) ist ein Gas vom Kondensationspunkt 6,8 °C. Sein Molekül ist linear (O=C=C=C=O); es ist sehr reaktionsfreudig. Man erhält C_3O_2 z. B. durch Entwässern von Malonsäure, deren Anhydrid es auch ist, mittels Phosphorpentoxid:

$$C_3H_4O_4 \rightarrow C_3O_2 + 2H_2O$$

Verbindungen mit Schwefel Kohlenstoffdisulfid (Schwefelkohlenstoff, CS_2) ist eine sehr giftige, hochentzündliche und leichtflüchtige farblose Flüssigkeit (Siedepunkt: 46 °C). Im reinen Zustand duftet sie wie Ether, meist ist sie aber infolge geringer Anteile von Verunreinigungen übelriechend. Die Verbindung löst Iod, Schwefel, Selen, weißen Phosphor sowie Fette und leitet den Strom gut. Da das Molekül frei von Wasserstoff- oder Halogenatomen ist, dient es als Lösungsmittel in der IR-Spektroskopie.

Man stellt mittels Kohlenstoffdisulfid Zellstoffasern aus Cellulose her. Jene setzt man zunächst mit Natronlauge zu Alkalicellulose um, die dann mit Kohlenstoffdisulfid zu Xanthogenat weiterverarbeitet wird. Diese alkalische Lösung (Viskose) verspinnt man in schwefelsauren Bädern zu Regeneratcellulose. Die gelben Kupferxanthogenate setzt man zur Bekämpfung von Schädlingen ein.

Verbindungen mit Halogenen: Von der riesigen Zahl an Kohlenstoff-Halogen-Verbindungen seien hier nur Tetrachlorkohlenstoff (Tetrachlormethan, CCl_4), Chlorform ($CHCl_3$) und Iodoform (CHI_3) erwähnt. Tetrachlormethan gewinnt man industriell als Nebenprodukt der Herstellung von Chloroform. Chlor erhitzt man mit Methan auf Temperaturen von ca. 450 °C, wobei stufenweise alle Wasserstoff- durch Chloratome ersetzt werden. Tetrachlormethan ist eine farblose, süßlich riechende, nicht brennbare, giftige Flüssigkeit, die bei -23 °C erstarrt und bei 76,7 °C siedet. Es löst Fette, Öle und Harze, ist aber mit Wasser nicht mischbar.

Chloroform ist eine farblose Flüssigkeit mit süßlichem Geruch, die ebenfalls aus Methan und Chlor hergestellt wird. Sie siedet bei 61 °C und war das erste Anästhetikum, das man ab etwa 1850 einsetzte. Da man später feststellte, dass es toxisch auf innere Organe wirkt, wurde es durch andere Betäubungsmittel verdrängt.

Iodoform wird aus alkalischer wässriger Ethanollösung und Jod oder aber durch Elektrolyse einer warmen ethanolisch-wässrigen Lösung von Kaliumiodid erzeugt. Es bildet gelbe Kristalle eines Schmelzpunkts von 123 °C. Man verwendet es noch oft als Desinfektionsmittel in der Zahnmedizin.

Verbindungen mit Stickstoff: Hervorzuheben seien hier nur die Cyanide (z. B. Kaliumcyanid), die zum Teil hochgiftig sind, da sie im Blut die Aufnahme des Sauerstoffs aus der Atemluft blockieren.

Verbindungen mit Metallen und Halbmetallen In den Carbiden ist das Kohlenstoffatom der elektronegativere Bindungspartner. Viele Metalle bilden Carbide; diese sind teils sehr hart und werden in Schneidwerkzeugen (z. B. Wolfram-, Tantal- oder Titancarbid) verwendet. Aus Calciumcarbid (CaC_2) kann man durch Zugabe von Wasser Acetylen (Ethin, C_2H_2) herstellen.

Anwendungen Die Hauptanwendung des Kohlenstoffs und seiner Verbindungen, abgesehen von Lebensmitteln und Forstwirtschaft, ist die der Kohlenwasserstoffe, meist in Form von Erdgas und Rohöl. Aus letzterem erzeugt man in Raffinerien durch fraktionierte Destillation Benzin, Kerosin und Dieselöl, ferner aus dem Rückstand Paraffinöl und Wachse. Holz, Kohle und Öl nutzt man in riesigen Mengen als Energiequelle und zum Heizen.

Fast alle Kunststoffe haben ihren Ursprung in der Erdölchemie. Durch thermische Zersetzung synthetisch erzeugter Polyesterfasern erzeugt man Carbonfasern. Jene setzt man zur Verstärkung von Bauteilen aus Kunststoff oder aber in innovativen Leichtbaustoffen ein. Zersetzt man im besonderen Polyacrylnitril (PAN), so erhält man graphitähnliche Fasern, die durch Wärmebehandlung ihre Struktur so ändern, dass man das Material aufrollen kann. Resultat sind Fasern mit einer Reißfestigkeit, die höher als die von Stahl ist (Cantwell und Morton 1991).

Der Naturstoff Cellulose, ein polymerer Zucker, wird von Pflanzen in Form von Holz, Baumwolle und Leinen produziert. Kohlenstoffhaltige Polymere tierischer Herkunft sind Wolle, Kaschmir und Seide.

Elementarer Kohlenstoff besitzt außerordentlich viele Anwendungen. Er kann mit Metallen legiert werden, Graphit setzt man, gemischt mit Ton, in Bleistiftminen ein, außerdem als Schmiermittel, als Farbpigment, als Elektrodenmaterial, in Kohlebürsten für Elektromotoren und als Neutronenmoderator in Kernreaktoren.

Kohle verwendet man oft in großindustriellen Reduktionsprozessen, z. B. in Hochöfen zur Gewinnung flüssigen Stahls. Diesen kann man dadurch noch härten, indem man frisch gegossenen und gerade erstarrten Stahl in Kohlepulver erhitzt. Silicium-, Bor-, Wolfram- und Titancarbid gehören zu den härtesten Werkstoffen und werden als Schleif- und Schneidemittel verwendet.

Holzkohle dient zum Grillen, ebenfalls als Zeichenmaterial in der Malerei.

Aktivkohle ist das Schwarzpigment unter anderem in Druckertinte, in Künstler- und Wasserfarben, in Kohlepapier, Autolacken sowie Tonern für Laserdrucker. Man benutzt sie auch als Füller in Kautschukprodukten wie Autoreifen. Aktivierte Aktivkohle dient als hoch wirksames Adsorbens zur Reinigung von Wasser, in Gasmasken und in der Medizin.

Diamant in Edelsteinqualität verwendet man zur Herstellung von Schmuck, Industriediamanten zum Schleifen, Bohren und Polieren von Stein und Metallen. Beide Märkte unterscheiden sich voneinander fundamental.

Schmuckdiamanten werden im Gegensatz zu Edelmetallen und Industriediamanten nicht als Massenware (Commodity) gehandelt. Bei industriell eingesetzten Diamanten ist nur die Härte und Wärmeleifähigkeit wichtig, schmuckspezifische Eigenschaften nicht, und sie werden sowohl als Abfall im Diamantbergbau als auch synthetisch gewonnen. Die 2014 weltweit produzierte Menge an Diamanten betrug ca. 130 Mio. Karat (Olson 2015).

Industriediamanten sind meist klein und werden meist in große Sägeblätter, Bohrköpfe oder als Pulver in Poliermassen eingearbeitet (Coelho et al. 1995), Spezialanwendungen sind Versuche unter hohem Druck oder sehr stabile Beschichtungen (Harris 1999; Nusinovich 2004).

5.2 Silicium

Symbol	Si		
Ordnungszahl	14		
CAS-Nr.	7440-21-3		
Aussehen	Grauschwarz, metallisch, bläulich glänzend	Silicium, Pulver (Sicius 2015)	Silicium, Kristall (Enricoros 2007)
Entdecker, Jahr	Lavoisier (Frankreich), 1787 Berzelius (Schweden), 1823		

Wichtige Isotope [natürliches Vorkommen (%)]	Halbwertszeit (a)	Zerfallsart, -produkt
$^{28}_{14}$Si (92,23)	Stabil	–
$^{29}_{14}$Si (4,67)	Stabil	–
$^{30}_{14}$Si (3,10)	Stabil	–
Massenanteil in der Erdhülle (ppm)		25.800
Atommasse (u)		28,085
Elektronegativität (Pauling ♦ Allred&Rochow ♦ Mulliken)		1,90 ♦ K. A. ♦ K. A.
Normalpotential: $SiH_4 + 4\,H_2O \rightarrow Si + 4\,H_3O^+ + 4\,e^-$ (V)		$-0,143$
Normalpotential: $Si + 6\,OH^- \rightarrow SiO_3^{2-} + 3\,H_2O + 4\,e^-$ (V)		$-1,69$
Atomradius (pm):		110
Van der Waals-Radius (berechnet, pm)		210
Kovalenter Radius (pm)		111
Elektronenkonfiguration		[Ne] $3s^2\,3p^2$
Ionisierungsenergie (kJ/mol), erste ♦ zweite ♦ dritte ♦ vierte		787 ♦ 1577 ♦ 3232 ♦ 4356
Magnetische Volumensuszeptibilität		$-4,1 \times 10^{-6}$
Magnetismus		Diamagnetisch
Kristallsystem		Kubisch-flächenzentriert (Diamantstruktur)
Elektrische Leitfähigkeit ([A/(V × m)], bei 300 K)		1×10^3
Elastizitäts- ♦ Kompressions- ♦ Schermodul (GPa)		130–188 ♦ 98 ♦ 51–80
Vickers-Härte ♦ Brinell-Härte (MPa)		Keine Angabe
Mohs-Härte		7
Schallgeschwindigkeit (m/s, bei 293 K)		8433
Dichte (g/cm³, bei 273,15 K)		2,336
Molares Volumen (m³/mol, im festen Zustand)		$12,06 \times 10^{-6}$
Wärmeleitfähigkeit ([W/(m × K)]):		150
Spezifische Wärme ([J/(mol × K)]):		19,789
Schmelzpunkt (°C ♦ K)		1410 ♦ 1683
Schmelzwärme (kJ/mol)		50,66
Siedepunkt (°C ♦ K)		3260 ♦ 3533
Verdampfungswärme (kJ/mol)		383

Vorkommen Silicium zeigt als Halbmetall und auch Halbleiter sowohl die Eigenschaften von Metallen als auch von Nichtmetallen. Elementares Silicium ist für den Menschen ungiftig, in Form von Silikat sogar wichtig. Im menschlichen Körper sind rund 20 mg/kg Körpermasse Silicium enthalten. Es ist mit einem Anteil von 25,8 Gew.-% das zweithäufigste in der Erdkruste vorkommende Element und kommt in Form silikatischer Minerale oder als reines Siliciumdioxid (Quarz) vor.

Sand besteht größtenteils aus feinen Quarzkristallen. Die meisten Halbedel- und Edelsteine bestehen aus Quarz oder Silikaten, wie beispielsweise Rosen-, Rauch-, Gelb- und Grünquarz, Amethyst, Jaspis, Opal und Achat. Mit Metallen bildet Silicium Silikate mit sehr unterschiedlichen Silikatanionen („Kieselsäure-Anionen") aus wie Glimmer, Asbest, Ton, Schiefer, Feldspat und Sandstein. 2011 kannte man 1437 Minerale auf Basis von Silicium, das seinen höchsten Mengenanteil nicht in Quarz (46,7 %) hat, sondern in Moissanit (Karborund, Siliciumcarbid, SiC); letzterer ist nach Diamant mit einer Mohs-Härte von 9,5 der härteste Stoff.

Gediegenes Silicium findet man an nur wenigen Orten (z. B. Kuba, China, Russland, USA).

Gewinnung Silicium stellt man in kleinerem Maßstab durch Umsetzung von Siliciumdioxid oder -tetrafluorid mit Metallen her:

$$SiO_2 + 2\,Mg \rightarrow Si + 2\,MgO \qquad\qquad 3\,SiF_4 + 4\,Al \rightarrow 3\,Si + 4\,AlF_3$$

Die Reaktion von Natrium mit Siliciumtetrachlorid liefert amorphes, sehr reaktives Silicium:

$$4\,Na + SiCl_4 \rightarrow Si + 4\,NaCl$$

Das Element wird großtechnisch in der Photovoltaik (Solarzellen), in Halbleitern (elektronische Chips) und in der Metallurgie (Ferrosilicium) eingesetzt. Daher klassifiziert man es nach erfordertem Reinheitsgrad; diese sind Simg („metallurgical grade", Rohsilicium mit 98–99 % Si), Sisg („solar grade", Solarsilicium, Gehalt > 99,99 %) und Sieg („electronic grade", Halbleitersilicium, Verunreinigungen < 1 ppb).

Rohsilicium gewinnt man durch Im Reaktion von Siliciumdioxid mit Kohle in großen Öfen bei einer Temperatur von ca. 2000 °C

$$SiO_2 + 2\,C \rightarrow Si + 2\,CO$$

Die Jahresproduktion beträgt einige Mio. t. Rohsilicium ist Bestandteil metallischer Legierungen und verleiht Stahl eine größe Beständigkeit gegenüber Korrosion infolge Bildung von Ferrosilicium. Ferner ist es Ausgangsmaterial für die Produktion von Silanen nach Müller-Rochow; jene benötigt man zur Herstellung von Siliconen.

Solarsilicium erzeugt man, indem Rohsilicium mit gasförmigem Chlorwasserstoff bei Temperaturen um 300 °C zu Trichlorsilan umgesetzt wird

$$Si + 3\,HCl \rightarrow H_2 + HSiCl_3$$

Jenes wird mehrfach destilliert und dann in Gegenwart von Wasserstoffgas bei Temperaturen um 1100 °C an Stäben aus Reinstsilicium wieder zersetzt (Sirtl und Reuschel 1964), auf die das beim Zerfall gebildete Silicium aufwächst. Dieses Siemens-Verfahren ist aber sehr energieintensiv und liefert große Mengen an Abfallprodukten. Eine Verbesserung erzielt man durch Erzeugung von Monosilan (SiH_4) aus den Elementen und dessen nachfolgende Zersetzung an beheizten Oberflächen oder in Wirbelschichtreaktoren. Man erhält so polykristallines Silicium großer Reinheit, das für die Herstellung von Solarmodulen geeignet ist.

Das reinste und auch monokristalline Halbleitersilicium benötigt man für elektronische Bauelemente. Dazu muss man im Solarsilicium noch vorhandene Verunreinigungen mittels des Tiegelziehens oder Zonenschmelzens auf kleinstmögliche Gehalte bringen. Beim Tiegelziehen schmilzt man Solarsilicium in Quarztiegeln und taucht einen Impfkristall aus hochreinem monokristallinem Silicium in die Schmelze ein. Beim langsamen Herausdrehen des Kristalls aus der Schmelze kristallisiert hochreines Silicium monokristallin auf dem Kristall aus. Die Verunreinigungen bleiben in der Schmelze zurück (Czochralski-Verfahren).

Beim alternativ durchführbaren Zonenschmelzen wandert ein ringförmig um den Siliciumstab angeordneter, elektrisch beheizter Induktionsring langsam den Stab entlang und erzeugt an der Stelle, an der er sich gerade befindet, eine Schmelzzone. Diese durchwandert den Stab bis zum Ende und nimmt dabei alle im Silicium enthaltenen Verunreinigungen in sich auf.

Physikalische Eigenschaften Silicium ist wie Germanium und Antimon ein Elementhalbleiter. Der energetische Abstand zwischen Valenz- und Leitungsband beträgt 1,107 eV (20 °C). Eine gezielte Einlagerung von Fremdatomen (Dotierung mit z. B. Indium-, Antimon-, Arsen- oder Boratomen) verändert die elektrische Leitfähigkeit des Siliciums innerhalb weiter Grenzen. Ein Zusatz von Bor- oder Arsenatomen kann die Leitfähigkeit um das Hundertfache erhöhen. Diese durch Störstellen bewirkte elektrische Leitfähigkeit (Überschuss bzw. Defekt) ist wesentlich größer als die „aus eigener Kraft" erbrachte; man spricht dann von „Störstellenhalbleitern". Aussagen über die Struktur der Bänder ergeben sich unter anderem aus der wellenlängenabhängigen Lichtabsorption und den dazu proportionalen

Extinktionen sowie den jeweiligen Brechungsindices (Palik und Ghosh 1998; Honsberg und Bowden 2007).

Auch Silicium zeigt eine Dichteanomalie. Flüssiges Silicium besitzt oberhalb seines Schmelzpunktes eine um rund 10 % höhere Dichte als in festem, kristallinem Zustand (Hedler 2006).

Chemische Eigenschaften In fast allen seiner Verbindungen bildet Silicium, im Gegensatz zum Kohlenstoff, nur Einfachbindungen aus. Mittlerweile konnten aber eine ganze Reihe an Verbindungen hergestellt werden, deren Moleküle eine Si=Si-Doppelbindung aufweisen. Sehr interessant ist das von Sekiguchi 1999 dargestellte Cyclotrisylen, das jedoch nur bei Einsatz der sterisch sehr anspruchsvollen Bis(tert.-butyl) methylsilyl-Gruppen stabil ist (Elschenbroich 2003):

$$R_2SiBr_2 \;+\; 2\;RSiBr_3 \quad \xrightarrow[20\ ^\circ C,\ 3\ h]{Na/Tol} \qquad \qquad \text{Fp. 207 }^\circ C$$

$$R = Si(t\text{-}Bu)_2Me$$

Elschenbroich beschreibt weitere Moleküle, sowohl mit konjugierten Si=Si- als auch mit isolierten Si=C-Doppelbindungen.

Silicium löst sich in Säuren nicht, nur in salpetersäurehaltiger Flusssäure, in der es Hexafluorosilicat bildet (Holleman et al. 2007, S. 922). Es ist aber leicht lösbar in heißen Alkalilaugen, wobei sich Silikatanionen und Wasserstoff bilden; dies wird durch das stark negative Normalpotential für diese Reaktion erklärt (Riedel und Janiak 2011). An Luft überzieht es sich mit einer dünnen, passivierenden Oxidschicht und ist daher ziemlich reaktionsträge.

Verbindungen Silicium ist in seinen kovalenten Verbindungen nahezu stets vierbindig und tritt dort mit der Oxidationszahl +4 auf, nur in den mit Metallen gebildeten Siliciden ist es in der Regel der elektronegativere Partner. Es konnten jedoch auch einige, wenn auch instabile Verbindungen des zweiwertigen Siliciums (Sylene) synthetisiert werden. Wichtig ist nur das in der optischen Industrie eingesetzte Siliciummonoxid (SiO). Jüngst konnte man die Existenz des Silicens nachweisen, dessen Struktur der des Graphens ähnelt (Vogt et al. 2012)

Verbindungen mit Wasserstoff Im Gegensatz zu den homologen Kohlenwasserstoffen ist das Siliciumatom in den Siliciumwasserstoffen (Silanen) der elektropositivere Bindungspartner; Silane verhalten sich daher völlig anders als die gesättigten Kohlenwasserstoffanaloga (Alkane). Bei der Einwirkung von Säure auf Metallsilicide entsteht ein farbloses, selbstentzündliches Gemisch von Monosilan und höheren Silanen. Mono- und Disilan (Siedepunkte: -112 bzw. $-15\,°C$) sind Gase, ab Trisilan aufwärts Flüssigkeiten. Analog zu den Kohlenwasserstoffen existieren auch einige verzweigte und cyclische Silanmoleküle.

Silane sind im Gegensatz zu den homologen Alkanen sehr instabil und nur unter Luftabschluss herzustellen. Vor allem die niedrigen Silane (SiH_4 bis Si_3H_8) entzünden sich an der Luft oft spontan und verbrennen dann zu Siliciumdioxid und Wasser. Die höheren Silane sind stabiler; von Heptasilan an sind Silane nicht mehr pyrophor. Bei hohen Temperaturen zerfallen Silane in die Elemente.

Verbindungen mit Sauerstoff Siliciummonoxid (SiO) ist ein anthrazitbrauner, spröder Feststoff mit einem Schmelzpunkt von ca. $1700\,°C$. Es wirkt stark reduzierend, ist in feiner Verteilung sogar selbstentzündlich (pyrophor), disproportioniert ab einer Temperatur von $600\,°C$ zu Silicium und Siliciumdioxid und reagiert schon bei Raumtemperatur mit Luftsauerstoff schnell zu Siliciumdioxid weiter:

$$2\,SiO + O_2 \rightarrow 2\,SiO_2$$

Siliciumdioxid kommt in der Natur dagegen in riesigen Mengen vor, es ist die Grundlage von Sand und vieler Gesteine (unter anderem auch Basalt, Lava). Es ist in reinem Zustand ein weißer bis farbloser Feststoff, schmilzt bei $1713\,°C$ und ist nur sehr wenig in Wasser löslich. Jene beträgt für Quarz 60 mg/L in kochendem Wasser. Die Löslichkeit steigt mit dem pH-Wert an, weil Silikate (Anionen der Kieselsäure) gebildet werden; dieser Effekt tritt besonders bei amorphem Siliciumdioxid auf. In Säuren ist es kaum löslich, nur Flusssäure löst es – und damit auch Glas – unter Bildung gasförmigen Siliciumtetrafluorids auf.

Verbindungen mit Halogenen Alle Siliciumtetrahalogenide sind sehr empfindlich gegenüber Luftfeuchtigkeit bzw. Wasser und hydrolysieren schnell zu Siliciumdioxid bzw. Kieselsäure und Halogenwasserstoff. Siliciumtetrafluorid (SiF_4) ist ein farbloses, an feuchter Luft rauchendes Gas von stechendem Geruch mit einem Sublimationspunkt von $-95\,°C$. Man kann es in unreiner Form aus Calciumfluorid, Sand und konzentrierter Schwefelsäure oder aber durch Erhitzen von Hexafluorokieselsäure (H_2SiF_6) bzw. ihren Salzen darstellen:

$$H_2SO_4 + CaF_2 \rightarrow H_2F_2 + CaSO_4 \quad \text{und} \quad 2H_2F_2 + SiO_2 \rightarrow SiF_4 + 2H_2O$$

$$H_2SiF_6 \rightarrow H_2F_2 + SiF_4$$

Siliciumtetrachlorid ($SiCl_4$) ist eine farblose, an feuchter Luft rauchende Flüssigkeit vom Siedepunkt 57 °C, die durch Reaktion von Chlor mit erhitztem Silicium hergestellt wird. Sie reagiert heftig mit Wasser unter Bildung von Kieselsäure und Chlorwasserstoff.

Trichlorsilan ($HSiCl_3$) ist eine farblose, stechend riechende, leichtflüchtige (Siedepunkt: 32 °C) und hochentzündliche Flüssigkeit. Es wird bei hoher Temperatur aus Silicium und Chlorwasserstoff hergestellt und dient, wie schon erwähnt, zur Herstellung von Solarsilicium.

Verbindungen mit anderen Elementen Siliciumcarbid (SiC, Carborund) ist in reiner Form farblos, in technischem Zustand schwarz, manchmal infolge Beimischung von Aluminiumoxid auch grün. Es ist nach Diamant der härteste Stoff und verbrennt an der Luft bei Temperaturen oberhalb von 1000 °C zu SiO_2 und CO_2. Es ist halbleitend, die Energiespanne der Bandlücke liegt im Bereich von 3 eV und damit zwischen der des Siliciums und des Diamanten. Die Herstellung erfolgt nach Acheson durch Anlegen hoher Spannung an Kohlenstoff, der zentrisch in mit Quarz und Sägemehl gefüllten Becken liegt.

Siliciumnitrid (Si_3N_4) hat die höchste Festigkeit aller Ingenieurskeramiken, dehnt sich nur wenig bei erhöhter Temperatur aus und besitzt geringe Elastizität. Es dient unter anderem als Gefäßkeramik für flüssiges Aluminium, als Isolations- oder Passivierungsmaterial bei der Herstellung integrierter Schaltungen und als Speicher für gebundene elektrische Ladungen. Man stellt es z. B. aus Kohle, Sand und Stickstoff bei hoher Temperatur her.

Organische Verbindungen/Silicone Tetramethylsilan [$Si(CH_3)_4$] ist eine farblose, chemisch inerte, leichtflüchtige Flüssigkeit (Siedepunkt: 26 °C), die als Standard in der ^{1}H- und ^{13}C-NMR-Spektroskopi verwendet wird. Dichlordimethylsilan [$Cl_2Si(CH_3)_4$] wird aus Silicium und Methylchlorid am Kupferkontakt bei 350 °C hergestellt und ist eine farblose, an feuchter Luft rauchende, mit Wasser heftig reagierende Flüssigkeit, die wie das bei der gleichen Synthese anfallende Trimethylchlorsilan universell für Silylierungen eingesetzt wird. Dichlordimethylsilan ist Ausgangsstoff für die Herstellung von Silikonen, beide Verbindungen reagieren mit vielen nukleophilen Stoffen (Alkoholen, Aminen, Amiden, Ketonen etc.). Auf die Chemie dieser sehr großen Klasse von Verbindungen kann im Rahmen dieses Buches nicht eingegangen werden.

Anwendungen Silicium geht vorrangig und in sehr großen Mengen in die Herstellung von Halbleitern (Kilby 1976; Adachi 2005; Korvnik und Greine 2005). In möglicher Einsatz in Lasern wird geprüft; außerdem ist das Element Bestandteil einiger Explosivstoffe (Koch und Clément 2007; Kovalev et al. 2001).

5.3 Germanium

Symbol	Ge		
Ordnungszahl	32		
CAS-Nr.	7440-56-4		
Aussehen	Grauweiß, metallisch glänzend	Germanium, Pulver (Sicius 2015)	Germanium, Kristall (Gibe 2004)
Entdecker, Jahr	Winkler (Deutschland), 1886		
Wichtige Isotope [natürliches Vorkommen (%)]	Halbwertszeit (a)	Zerfallsart, -produkt	
$^{70}_{32}$Ge (21,23)	Stabil	–	
$^{72}_{32}$Ge (27,66)	Stabil	–	
$^{73}_{32}$Ge (7,73)	Stabil	–	
$^{74}_{32}$Ge (35,94)	Stabil	–	
Massenanteil in der Erdhülle (ppm):	5,6		
Atommasse (u):	72,630		
Elektronegativität (Pauling ♦ Allred&Rochow ♦ Mulliken)	2,01 ♦ K. A. ♦ K. A.		
Normalpotential für: $Ge^{2+}+2\ e^- \rightarrow Ge$ (V)	0,247		
Atomradius (pm):	125		
Van der Waals-Radius (berechnet, pm)	211		
Kovalenter Radius (pm)	122		
Elektronenkonfiguration	[Ar] $3d^{10}4s^2\ 4p^2$		
Ionisierungsenergie (kJ/mol), erste ♦ zweite ♦ dritte ♦ vierte:	762 ♦ 1538 ♦ 3302 ♦ 4411		
Magnetische Volumensuszeptibilität:	$-7,1 \times 10^{-5}$		
Magnetismus	Diamagnetisch		
Kristallsystem	Kubisch-flächenzentriert (Diamantstruktur)		
Elektrische Leitfähigkeit ([A/(V×m)], bei 300 K)	2,1		
Elastizitäts- ♦ Kompressions- ♦ Schermodul (GPa)	103 ♦ 75 ♦ 41		
Vickers-Härte ♦ Brinell-Härte (MPa)	Keine Angabe		

Mohs-Härte	6,0
Schallgeschwindigkeit (m/s, bei 293,15 K)	5400
Dichte (g/cm³, bei 293,15 K)	5,323
Molares Volumen (m³/mol, im festen Zustand)	$13,63 \times 10^{-6}$
Wärmeleitfähigkeit ([W/(m×K)])	60
Spezifische Wärme ([J/(mol×K)])	23,22
Schmelzpunkt (°C ♦ K)	938,3 ♦ 1211,4
Schmelzwärme (kJ/mol)	31,8
Siedepunkt (°C ♦ K)	2830 ♦ 3103
Verdampfungswärme (kJ/mol)	330

Vorkommen Germanium ist in der Erdhülle weit verstreut, kommt aber nur in geringen Konzentrationen vor, oft als Begleiter in Kupfer- und Zinkerzen (Sphalerit). Nennenswerte Minerale sind Germanit, Argyrodit, Renierit und Canfieldit (Goldschmidt und Peters 1933). Es kommt auch in geringer Konzentration in der Steinkohle vor (Goldschmidt 1930). Einige Pflanzen sind in der Lage, Germanium ebenso wie Silicium bzw. Kohlenstoff anzureichern.

Gewinnung 2011 wurden knapp 120 t des Elements produziert, davon zwei Drittel in China und nur 5 t in Russland bzw. 3 t in den USA (Guberman 2012), meist als Nebenprodukt bei der Aufarbeitung von Zink-, Blei-Kupfer- und Zink-Blei-Erzen (Bernstein 1985). Die weltweit verfügbaren Reserven schätzt man alleine in den USA auf 450 t (Guberman 2012), bereits jetzt wird mehr als ein Drittel des Bedarfs aus wieder verwertetem Germanium gedeckt (Höll et al. 2007). Eine weitere, vor allem in China und Russland genutzte Quelle ist die in Kohlekraftwerken anfallende Flugasche (Naumov 2007). Russlands Vorkommen liegen meist in Ostsibirien, diejenigen Chinas bevorzugt in der Inneren Mongolei und im Südwesten.

Die sulfidischen Erze werden geröstet, wobei Germanium-IV-oxid entsteht:

$$GeS_2 + 3O_2 \rightarrow GeO_2 + 2SO_2$$

Der größte Teil des Oxids wird zusammen mit der Zinkasche in Schwefelsäure gelöst. Nach der Neutralisierung bleibt Zink in Lösung, Germanium und andere Metalle fallen in Form ihrer Oxide bzw. Hydroxide aus. Im Waelz-Prozess fallen dann unter anderem Zinkoxid und gereinigtes Germanium-IV-oxid an. Jenes trocknet man und setzt es mit Chlor oder Chlorwasserstoff zu Germanium-IV-chlorid um, das unter Feuchtigkeitsausschluss abdestilliert wird:

$$GeO_2 + 4HCl \rightarrow GeCl_4 + 2H_2O \text{ oder } GeO_2 + 2Cl_2 \rightarrow GeCl_4 + O_2$$

Das so erhaltene Germanium-IV-chlorid reinigt man durch nochmalige fraktionierte Destillation und hydrolysiert es dann zu Germanium-IV-oxid, das mit Wasserstoff zu hochreinem Germanium für die optische oder Halbleiterindustrie umgesetzt wird. Zur Gewinnung von Germanium für andere industrielle Zwecke genügt die Reduktion mit Kohle (Moskalyk 2004).

$$GeO_2 + 2H_2 \rightarrow Ge + 2H_2O \qquad GeO_2 + C \rightarrow Ge + CO_2$$

Eigenschaften Germanium nimmt in der vierten Hauptgruppe den Mittelplatz zwischen Nichtmetallen und Metallen ein und ist somit ein Halbmetall. Zudem weist es die Eigenschaft eines Halbleiters mit der bereits relativ kleinen Bandlücke von nur 0,67 eV auf. Es ist spröde und unter Normalbedingungen an der Luft sehr stabil, lediglich beim Glühen in einer Sauerstoffatmosphäre wird es zu Germanium-IV-oxid umgesetzt. Germanium tritt in seinen Verbindungen mit den Oxidationszahlen $+2$ und $+4$ auf, wobei $+4$ die beständigere ist.

Nur alkalische Lösungen von Wasserstoffperoxid sowie konzentrierte Schwefel- bzw. Salpetersäure lösen es unter Bildung von Germaniumdioxidhydrat.

Germanium zeigt wie sein Homologes Silicium das Phänomen der Dichteanomalie.

Verbindungen Nur wenige Verbindungen des Germaniums sind technisch von Bedeutung. Germaniumwasserstoff (Monogerman, GeH_4) ist ein giftiges, hochentzündliches Gas von unangenehmem Geruch, das bei $-89\,°C$ kondensiert. Es ist durch Reaktion von Magnesiumgermanid mit Salzsäure oder auch durch Reaktion von $GeCl_4$ mit Methan bei Gegenwart eines Palladiumkatalysators zugänglich. Man setzt Monogerman in der Halbleitertechnik zur Epitaxie und zum Dotieren ein. Monogerman ist darüber hinaus der Grundkörper der organischen Germaniumverbindungen, auf die ich hier nicht näher eingehen kann; weiterführende Daten und Informationen geben Satge (1984) sowie Quane und Bottei (1963).

Das oben schon erwähnte Germanium-IV-chlorid, $(GeCl_4)$ ist eine an feuchter Luft unter Hydrolyse rauchende Flüssigkeit mit einem Siedepunkt von $83\,°C$ und ist entweder durch Reaktion von Germanium mit Chlorgas oder von Germanium-IV-oxid mit Chlorwasserstoff oder Chlor herzustellen. Hochreines $GeCl_4$ setzt man zur Produktion reinen Germaniums oder zu der von elektrischen Lichtwellenleitern ein.

Germanium-IV-iodid ist aus den Elementen bei Temperaturen von $>200\,°C$ darstellbar; es ist ein orangeroter Feststoff, der in Wasser hydrolysiert und sich oberhalb seines Schmelzpunktes von $146\,°C$ zum Diiodid und Iod zersetzt.

Germanate leiten sich analog den Silikaten vom Dioxid ab, hier GeO_2. Sie werden in alkalischer Lösung gebildet und sind auch nur in diesen verhältnismäßig stabil. Wird die Lösung neutralisiert oder sogar angesäuert, fällt sofort Germanium-IV-oxid aus ihnen aus. Nahezu alle germaniumhaltigen Mineralien enthalten das Element in Form von Germanat.

Anwendungen Früher war Germanium das bevorzugt zur Herstellung von Halbleitern eingesetzte Material (Teal 1976), bevor es von Silicium wegen dessen günstigerer Eigenschaften ersetzt wurde. Silicium-Germanium-Halbleiter sind aber heute noch Z. B. in Röntgendetektoren anzutreffen. Der Verbindungshalbleiter Galliumarsenid (GaAs) hat fast dieselben Gitterkonstanten wie elementares Germanium, daher kann man Galliumarsenid epitaktisch auf Oberflächen von Germaniumkristallen auftragen.

Linsen aus mono- oder polykristallem Germanium sind besonders durchlässig für Infrarotlicht und daher für Nachtsichtgeräte und Wärmebildkameras wichtig (Drugoveiko et al. 1975; Bayya et al. 2002; Rieke 2007). Außerdem nutzt man es zu Herstellung von Glasfaserleitungen für das Telefonnetz derart, dass man durch Kondensieren von Germanium-IV-chlorid eine Anreicherung von Germanium-IV-oxid im inneren Faserkern erzeugt, was dem Kern des Kabels einen höheren Brechungsindex verschafft, wodurch wiederum die Lichtwellen besser geführt werden. Germanium-IV-oxid ist Katalysator zur Produktion von wiederverwertbaren Flaschen aus Polyester (PET, Polyethylenterephthalat).

Das radioaktive Nuklid $^{68}_{32}$Ge dient zur Erzeugung des ebenfalls radioaktiven Nuklids $^{68}_{31}$Ga, zudem kann man mit ihm Detektoren von Positronen-Emissions-Tomographen kalibrieren (Lightstone et al. 1986).

Germanium in der Medizin und in Nahrungsergänzungsmitteln Germanium soll laut europäischer Richtlinie 2002/46/EG nicht in Nahrungsergänzungsmitteln verwendet werden. Somit ist es in Ländern mit bereits angepasstem Recht hierfür nicht zugelassen, wie beispielsweise in Deutschland und Österreich, da Germanium und seine Verbindungen dort als bedenklich gelten. Grundlage hierfür sind Ergebnisse toxikologischer Untersuchungen und entsprechende Einstufungen von Germanium und seinen Verbindungen als Schadstoffe (Tao und Bolger 1997).

Spuren von Germanium, das nicht als essenzielles Spurenelement gilt, finden sich in Bohnen, Tomatensaft, Austern, Thunfisch und Knoblauch.

Toxizität Frühe Symptome einer Vergiftung mit Germanium sind Appetitlosigkeit, Gewichtsverlust, Erschöpfungszustände und Muskelschwäche. Als Folge sind Schäden an den Nieren sehr wahrscheinlich.

Akute Vergiftungen äußern sich in Zittern, einer Erweiterung der Blutgefäße, Ptosis und Zyanose. Im Tierversuch tritt bei Fortsetzung der Versuche oft der Tod durch Atemlähmung ein.

Die Ursachen für die Toxizität von Germanium sind noch nicht vollständig erforscht.

5.4 Zinn

Symbol	Sn		
Ordnungszahl	50		
CAS-Nr.	7440-36-0		
Aussehen	Silbergrau, metallisch glänzend	Zinn (Metallium, Inc. 2015)	Zinn, Pulver und Stab (Sicius 2015)
Entdecker, Jahr	Kaukasus (4. Jahrtausend v. Chr.)		
Wichtige Isotope [natürliches Vorkommen (%)]	Halbwertszeit (a)	Zerfallsart, -produkt	
$^{116}_{50}$Sn (14,54)	Stabil	–	
$^{117}_{50}$Sn (7,68)	Stabil	–	
$^{118}_{50}$Sn (24,23)	Stabil	–	
$^{119}_{50}$Sn (8,59)	Stabil	–	
$^{120}_{50}$Sn (32,59)	Stabil	–	
Massenanteil in der Erdhülle (ppm)	35		
Atommasse (u)	118,71		
Elektronegativität (Pauling ♦ Allred & Rochow ♦ Mulliken)	1,96 ♦ K. A. ♦ K. A.		
Normalpotential für: $Sb^{2+} + 2\,e^- > Sn$ (V)	$-0,137$		
Atomradius (pm)	145		
Van der Waals-Radius (berechnet, pm)	217		
Kovalenter Radius (pm)	139		
Elektronenkonfiguration	$[Kr]\,4d^{10}5s^2\,5p^2$		
Ionisierungsenergie (kJ/mol), erste ♦ zweite ♦ dritte ♦ vierte:	709 ♦ 1412 ♦ 2943 ♦ 3930		
Magnetische Volumensuszeptibilität	α-Zinn: $-2,3 \times 10^{-5}$ β-Zinn: $2,4 \times 10^{-6}$		
Magnetismus	α-Zinn: diamagnetisch β-Zinn: paramagnetisch		
Kristallsystem	α-Zinn: kubisch-flächen-zentriert (Diamantstruktur) β-Zinn: oktaedrisch		
Elektrische Leitfähigkeit ([A/(V × m)], bei 300 K)	β-Zinn: $9,09 \times 10^6$		
Elastizitäts- ♦ Kompressions- ♦ Schermodul (GPa)	β-Zinn: 50 ♦ 58 ♦ 18		
Vickers-Härte ♦ Brinell-Härte (MPa)	– ♦ 50–440		

Schallgeschwindigkeit (m/s, bei 293,15 K)	2500
Dichte (g/cm³, bei 293,15 K)	α-Zinn: 5,769 β-Zinn: 7,265
Molares Volumen (m³/mol, im festen Zustand):	α-Zinn: $20,58 \times 10^{-6}$ β-Zinn: $16,29 \times 10^{-6}$
Wärmeleitfähigkeit ([W/(m × K)])	67
Spezifische Wärme ([J/(mol × K)])	β-Zinn: 27,12
Schmelzpunkt (°C ♦ K)	232 ♦ 505
Schmelzwärme (kJ/mol)	7,03
Siedepunkt (°C ♦ K)	2620 ♦ 2893
Verdampfungswärme (kJ/mol)	290

Vorkommen Das wirtschaftlich wichtigste Zinnmineral ist Kassiterit (Zinnstein, Zinn-IV-oxid, SnO_2), es findet sich in primären, hydrothermalen Gang- und Skarn-Lagerstätten als auch sekundären Seifenlagerstätten vor. Oft ist es mit Kupfer, Arsen, Eisen, Zink und anderen Elementen vergesellschaftet.

Im Jahre 2011 lag die gesamte hergestellte Menge bei 263.000 t, bei gleichzeitig vorliegenden Reserven von 5,6 Mio. t. Der größte Produzent ist China, danach folgen Malaysia (Kinta Valley), Indonesien und Peru. Die im Kinta Valley seit 140 Jahren insgesamt geförderte Menge beträgt ca. 2 Mio. t, dies bei einer Konzentration des Zinnsteins von 5 % (!). In Europa ist Portugal die wichtigste Fördernation.

In Deutschland existieren Vorkommen im Erzgebirge, wo man Zinn seit 700 Jahren abbaut.

Im August 2012 entdeckte man in Muldenhammer (Vogtland) eine Lagerstätte, die hinsichtlich ihrer Menge auf 160.000 t geschätzt wird und somit die größte weltweit noch unerschlossene ist. Allerdings ist der Erzgehalt mit durchschnittlich 0,3 % relativ gering, und das Erz ist schwer aus dem Gestein zu lösen. Daher ist die Wirtschaftlichkeit dieses Abbaus, der als Nebenprodukte u. a. Zink, Kupfer und Indium liefern würde, noch zu prüfen (Seidler 2012).

Pro Jahr werden rund 300.000 t verbraucht, davon je ein Drittel für Lote, für Weißblech und für andere Chemikalien. Infolge des Totalersatzes von Blei durch Zinn in Loten erwartet man eine jährliche Steigerung der Bedarfsmenge um 10 %, weshalb der Preis für Zinn laufend steigt und sich in den letzten zehn Jahren verdreifacht hat (London Metal Exchange 2015).

Gewinnung Das Zinnerz wird zunächst zerkleinert und dann mittels Aufschlämmen oder spezieller Scheideverfahren angereichert. Hiernach reduziert man es mit Kohle und hält die Temperatur knapp oberhalb des Schmelzpunktes von Zinn (232 °C), so dass das im Laufe der Reaktion entstehende flüssige Metall abfließen kann, ohne bei höheren Temperaturen schmelzende Verunreinigungen aufzunehmen. Heutzutage gewinnt man einen großen Teil des Zinns durch Recycling, wo am Ende eine Elektrolyse steht.

Eigenschaften Zinn tritt in drei verschiedenen Modifikationen auf. Das noch im kubischen Diamantgitter kristallisierende graue α-Zinn ist unterhalb einer Temperatur von 13,2 °C stabil. Es weist eine Bandlücke von 0,1 eV und eine Dichte von 5,75 g/cm^3 auf und ist damit ein Halbleiter. Das uns von seinem Aussehen her vertraute β-Zinn kristallisiert verzerrt oktaedrisch, hat eine silberweiß glänzende Oberfläche und eine Dichte von 7,31 g/cm^3; es ist bis zu einer Temperatur von 162 °C beständig. Das γ-Zinn mit rhombischem Gitter bildet sich oberhalb einer Temperatur von 162 °C oder bei Raumtemperatur unter Einwirkung hohen Druckes; es hat eine Dichte von 6,54 g/cm^3.

Ihre Kernladungszahl 50 macht die Atomkerne des Zinns „magisch", und Zinn tritt in der Natur in Form zehn verschiedener, allesamt stabiler Isotope auf. Dies ist die höchste Zahl stabiler Isotope aller Elemente. Zusätzlich gibt es noch 28 verschiedene radioaktive Isotope.

Lagert man aus Zinn gefertigte Gegenstände in kalten Räumen, zerfallen sie wegen der Umwandlung von β-Zinn zu schwarzgrauem, pulvrigen α-Zinn („Zinnpest") langsam. Werden Stäbe reinen β-Zinns bei Raumtemperatur verbogen, so wird ein knisterndes Geräusch erzeugt, da die einzelnen Kristalle aneinander reiben. Geringe Anteile an Verunreinigungen oder zulegierten Metallen verhindern das Auftreten dieses „Zinngeschreis".

Zinn ist chemisch sehr stabil, da es sich an Luft mit einer schützenden Oxidhaut überzieht. Konzentrierte Säuren und auch Basen lösen es jedoch unter Bildung von Wasserstoffgas und Zinn-II-salzen (in Säuren) bzw. Stannaten (in Basen). Zinn-II wird von unedleren Metallen (z. B. Zink) reduziert; das elementare Zinn scheidet sich dann am Donormetall in Form eines Metallschwamms ab.

Verbindungen Zinn kann in der Oxidationsstufe +2 und +4 auftreten, wobei Zinn-IV etwas stabiler ist. Die Wirkung des bei den höchsten Homologen dieser und benachbarter Hauptgruppen in der äußeren Schale vorliegenden „inerten Elektronenpaares" ist noch nicht so stark ausgeprägt ist wie beim schwereren Element dieser Gruppe, dem Blei. Zinn-II wird daher noch relativ leicht zu Zinn-IV oxidiert.

Verbindungen mit Wasserstoff Monostannan (SnH$_4$) ist beispielsweise durch Umsetzung von Zinn-II-chlorid mit Natriumborhydrid (NaBH$_4$) in wässriger, salzsaurer Lösung oder aber durch Reduktion von Zinn-IV-chlorid mit Lithiumaluminiumhydrid (LiAlH$_4$) in Ether bei tiefen Temperaturen herstellbar

$$SnCl_4 + LiAlH_4 \rightarrow SnH_4 + LiCl + AlCl_3$$

Monostannan ist ein giftiges Gas, das sich bei erhöhter Temperatur schnell in die Elemente zersetzt. Auf den Gefäßwänden entsteht dann analog zu Arsen und Antimon ein glänzender Metallspiegel. Monostannan kondensiert bei -52 und erstarrt bei $-146\,°C$.

Distannan (Sn_2H_6) und dessen organische Derivate sind ebenfalls charakterisiert (Weidenbruch und Schlaefke 1991).

Verbindungen mit Halogenen Zinn-II-fluorid erhält man durch Auflösen von Zinn-II- oder Zinn-IV-oxid in Flusssäure. Man verwendet es in geringer Konzentration als Fluoridquelle und Wirkstoff gegen die Bildung von Zahnbelag (Plaque) in Zahncreme. Seine Dichte ist mit $4{,}57\ g/cm^3$ relativ hoch; Schmelz- bzw. Siedepunkt liegen bei 215 bzw. $850\,°C$.

Zinn-IV-fluorid, einen farblosen, äußerst hygroskopischen Feststoff vom Sublimationspunkt $705\,°C$, erhält man durch Reaktion von Zinn-IV-chlorid mit Fluorwasserstoff:

$$SnCl_4 + 2H_2F_2 \rightarrow SnF_4 + 4\ HCl$$

SnF_4 löst sich in Wasser unter starkem Zischen und Hydrolyse.

Wird Zinn in Chlorwasserstoff erhitzt, so erhält man wasserfreies Zinn-II-chlorid ($SnCl_2$):

$$Sn + 2\ HCl \rightarrow SnCl_2 + H_2$$

Über Weißblechabfälle, deren Zinngehalt bei ca. 4 % liegt, werden heiße Salzsäuredämpfe geleitet, wodurch ebenfalls Zinn-II-chlorid gebildet wird. Die Substanz ist farblos, zerfließt an der Luft und schmilzt als Hydrat bei $40\,°C$, in wasserfreiem Zustand bei $246\,°C$. Beim Erhitzen mit Wasser erleidet es Hydrolyse zu Zinn-II-hydroxid bzw. infolge Aufnahme von Luftsauerstoff zu basischem Zinn-IV-chlorid ($SnOCl_2$). Zinn-II-chlorid ist ein Reduktionsmittel und wird unter anderem in der Färberei zur Reduktion des Indigos und zum Entfernen von Rostflecken aus Wäsche verwendet, außerdem in der Galvanik zur elektrolytischen Verzinnung.

Zinn-IV-chlorid ist eine klare, ätzende, an feuchter Luft rauchende Flüssigkeit von stechendem Geruch, die bei $114\,°C$ siedet. In Wasser erfolgt stark exotherme Hydrolyse zu Salzsäure und Zinndioxid. Man erzeugt Zinn-IV-chlorid meist durch Verbrennen von Zinn (auch Weißblechabfällen) im Chlorstrom und Auffangen des Destillats. $SnCl_4$ löst Schwefel, Iod und Phosphor; mit wenig Wasser (Zutritt von

Luftfeuchtigkeit genügt) bildet sich das Pentahydrat in Form farbloser Kristalle. Man setzt es zum Verzinnen ein, ebenso zum Beschichten von Gläsern zur Erhöhung von deren Verschleißfestigkeit und zur Herstellung organischer Zinnverbindungen.

Zinn-II-bromid ($SnBr_2$), ein gelber, wasseranziehender, bei 215 °C schmelzender Feststoff, wird durch Reaktion von Zinn mit Bromwasserstoffsäure gewonnen, analog der Herstellung von $SnCl_2$ aus Salzsäure. In Wasser löst er sich unter hydrolytischer Zersetzung und bildet mit Halogeniden komplexe Halogenostannite (M_2SnX_4) (Holleman et al. 1995, S. 965).

Zinn-IV-bromid ($SnBr_4$) ist ein farbloser, an feuchter Luft rauchender Feststoff, der bei 31 °C schmilzt (Siedepunkt der Flüssigkeit: 202 °C). Er ist leicht löslich in Wasser, wo er aber Hydrolyse erleidet. Die Verbindung stellt man aus Zinn und Brom bei erhöhter Temperatur her.

Zinn-IV-iodid (SnI_4) ist ein oranger Feststoff, der bei 144,5 °C schmilzt und nur noch durch Synthese aus den Elementen zugänglich ist (Reuter und Pawlak 2001).

Verbindungen mit Chalkogenen Zinn-II-oxid (SnO) ist ein dunkelbrauner Feststoff der Dichte 6,45 g/cm³, der oberhalb einer Temperatur von 300 °C zu Zinn und Zinndioxid disproportioniert. Man gewinnt es durch Hydrolyse von Zinn-II-chlorid und Entwässern des bei dessen Hydrolyse entstehenden Zinn-II-oxidhydrates unter Ausschluss von Luftsauerstoff.

Zinn-IV-oxid, ein weißer Feststoff mit Dichte 6,95 g/cm³ und Schmelzpunkt 1630 °C, entsteht beim Verbrennen von Zinn an der Luft oder durch Reaktion von Zinn-IV-verbindungen (z. B. $SnCl_4$) mit darauffolgender Entfernung des Wassers. Zinn-IV-oxid reagiert bereits schwach amphoter, bildet also in alkalischer Lösung Stannate (Salze der in freiem Zustand instabilen Ortho- oder Metazinnsäure, $H_2[Sn(OH)_6]$ und H_2SnO_3) und in – stark – saurer Lösung Sn^{4+}-Ionen. In der Technik setzt man es als Bestandteil von Halbleitern ein, ebenso in Glasfaserkabeln oder z. B. als Trübungsmittel für keramische Glasuren.

Die Reaktion von Zinn mit Schwefel oder die von Zinn-II-chlorid mit Schwefelwasserstoff liefert Zinn-II-sulfid (SnS), einen dunkelgrauen Feststoff vom Schmelzpunkt 882 °C:

$$Sn + S \rightarrow SnS \qquad\qquad SnCl_2 + H_2S \rightarrow SnS + 2HCl$$

Zinn-IV-sulfid (SnS_2) ist aus Zinn-IV-chlorid und Schwefelwasserstoff darstellbar; industriell gewinnt man es durch Erhitzen von Zinn mit Schwefel bei Gegenwart von Ammoniumchlorid. Im Trennungsgang der Kationen wird es durch Ammoniumsulfidlösung ausgefällt:

$$SnCl_4 + 2H_2S \rightarrow SnS_2 + 4HCl \qquad Sn^{4+} + 2(NH_4)_2S \rightarrow SnS_2 + 4NH_4^+$$

Zinn-IV-sulfid ist ein goldgelber Feststoff, der in Wasser unlöslich ist und als Farbpigment verwendet wird.

Das graue Zinn-II-selenid (SnSe) stellt man durch Erhitzen einer Mischung der Elemente auf eine Temperatur von 350 °C her. Es ist ein IV-VI-Halbleiter mit kleiner Bandlücke und hat einige Einsatzfelder in der Photovoltaik.

Organische Verbindungen Tributylzinnchlorid [$(C_4H_9)_3SnCl$, TBTC] ist eine gelbliche, praktisch wasserunlösliche, giftige und chemisch ziemlich stabile Flüssigkeit. Sie wird, wie das analoge Hydrid und Oxid, als Desinfektionsmittel gegen Befall durch Pilze und Milben bei Textilien, Leder, Papier und Holz verwendet. Die Substanz ist auch Bestandteil von Antifoulingfarben für Schiffe, um den Besatz der Außenhülle durch Algen und Schnecken zu bekämpfen. In der Europäischen Union ist der Einsatz zinnorganischer Verbindungen seit dem Jahre 2000 verboten (Klingmüller und Watermann 2003). Diese werden vorwiegend über Haut und Schleimhaut aufgenommen. Im Tierversuch registriert man Nekrosen, Verlust des Gewichtes, der Kraft und des Reaktionsvermögens sowie Krämpfe. Gegenüber Wasserlebewesen wirkt Tributylzinnchlorid äußerst giftig.

Mindestens ebenso kritisch wird Tributylzinnoxid (TBTO) hinsichtlich seiner Toxizität bewertet, das ebenfalls im großen Maßstab in Antifoulinganstrichen für Schiffskörper verwendet wurde. Auch diese Substanz darf seit 2000 nicht mehr für diesen Einsatz verwendet werden.

Tetramethylzinn [$Sn(CH_3)_4$], ist eine klare, farblose, dünnflüssige, niedrig siedende (75 °C) und entzündliche Flüssigkeit von unangenehmem Geruch, die beispielsweise aus Grignardreagenzien und Zinn-IV-chlorid zugänglich ist:

$$4\,H_3C\text{-}MgI + SnCl_4 \rightarrow Sn(CH_3)_4 + 4\,MgICl$$

Tetramethylzinn ist fast unlöslich in Wasser, aber, wie zu erwarten, gut mischbar mit unpolaren organischen Lösungsmitteln wie Hexan (Davies 2004; Scott et al. 2002).

Analytik Qualitativ weist man Zinn mittels der Leuchtprobe bzw. im Trennungsgang durch Fällung mit Ammoniumpolysulfidlösung nach. Bei der Leuchtprobe gibt man zur zinnhaltigen Lösung 20 %ige Salzsäure und Zinkpulver. Der bei der Auflösung des Zinks freiwerdende, naszierende Wasserstoff reduziert $Sn^{2+/4+}$ bis zum Monostannan (SnH_4). In diese Lösung taucht man ein mit kaltem Wasser gefülltes Reagenzglas ein, das danach im Dunkeln in die nichtleuchtende Flamme des Bunsenbrenners gehalten wird. Tritt sofort eine blaue Fluoreszenz ein, weist dies die Anwesenheit von Zinn nach (Jander und Blasius 2006, S. 499).

Quantitativ erfolgt die Bestimmung polarographisch (Heyrovský und Kůta 1965) oder mittels AAS, Hydridtechnik und Morin, nur um die wichtigsten zu nennen (Cammann 2001).

Anwendungen Zinn wird in Form seiner Legierung mit Blei zum Bau von Orgelpfeifen verwendet, die ihre Farbe lange behält und schwingungsdämpfend wirkt. Dauerhaft tiefe Temperaturen sind wegen der Umwandlung zu pulvrigem α-Zinn schädlich für ausschließlich aus Zinn gefertigte, ältere Orgelpfeifen (Zinnpest). Inzwischen ersetzte man das relativ teure Zinn deshalb durch billigere und gleichzeitig stabilere Werkstoffe. Deko- und Schmuckartikel werden aber weiter oft aus Zinn oder seinen Legierungen (Bronze, Britanniametall) hergestellt.

Es ist zudem unverzichtbare Komponente tiefschmelzender Metalllegierungen. Zum Löten auf Leiterplatten setzt man heute eine bei rund 220 °C schmelzende Legierung von Zinn, Kupfer und Silber ein; bleihaltiges Lötzinn ist seit längerem nicht mehr erlaubt. Wegen der bei tieferen Temperaturen stets drohenden Zinnpest müssen elektronischer Bauteile für die Medizin- und Sicherheitstechnik sowie für die Luft- und Raumfahrt beispielsweise immer noch Blei enthalten.

Weißblech ist verzinntes Eisenblech, das zur Herstellung von Konservendosen benutzt wird. Zinnmetall findet auch in der Homöopathie Anwendung. Zur Herstellung von Tuben für Farbpasten wie auch –früher – zur Produktion von Lametta wird bzw. wurde Zinn verwendet, ebenso nach wie vor als Bestandteil von als Zahnfüllung eingesetzten Amalgamen.

Durchsichtige, elektrisch leitende und infrarotreflektierende Beschichtungen aus Zinn- und Indiumoxid auf Glasscheiben sind die Grundlage von LC-Displays (Nanning 1984) siehe auch das Essential zu den Elementen der 3. Hauptgruppe.

Hochreine Einkristalle aus Zinn finden Einsatz in elektronischen Bauteilen. Zur Herstellung integrierter Schaltkreise mit immer höheren Anforderungen hinsichtlich deren Verkleinerung, Preis und Schnelligkeit findet die EUV-Lithografie Einsatz; dies hierfür benötigte sehr kurzwellige UV-Licht (Wellenlänge 13,5 nm) wird zunehmend von zinnhaltigen Plasmen erzeugt (Wagner und Harned 2010).

Toxizität Einfache anorganische Zinnverbindungen sind relativ ungiftig, wogegen organische oft stark toxisch sind, da sie das Zinn schnell im Körper verteilen. Dadurch kann gelöstes Zinn, wie auch andere Schwermetallionen (z. B. Blei, Quecksilber), die Schwefelatome schwefelhaltiger Aminosäuren (z. B. Cystin, Cystein) blockieren. Durch die jahrelange Verwendung von Tributylzinnderivaten in Anstrichfarben für Schiffe reicherten sich diese in den Meerwasserzonen rund um große Hafenstädte an und beeinflussen darin bis heute Flora und Fauna.

5.5 Blei

Symbol	Pb		
Ordnungszahl	82		
CAS-Nr.	7439-92-1		
Aussehen	Bläulich-weißgrau, metallisch glänzend	Blei, Långban Mine, Filipstad, Schweden (Lavinsky)	Blei, Plättchen (Sicius 2015)
Entdecker, Jahr	Bronzezeit		
Wichtige Isotope [natürliches Vorkommen (%)]	Halbwertszeit	Zerfallsart, -produkt	
$^{204}_{82}Pb$ (1,4)	$> 1,4 \times 10^{17}$ a	$\alpha > ^{200}_{80}Hg$	
$^{208}_{82}Pb$ (52,4)	Stabil	–	
$^{208}_{82}Pb$ (52,4)	Stabil	–	
$^{208}_{82}Pb$ (52,4)	Stabil	–	
Massenanteil in der Erdhülle (ppm)	18		
Atommasse (u)	207,2		
Elektronegativität (Pauling ♦ Allred&Rochow ♦ Mulliken)	1,87 ♦ k. A. ♦ K. A.		
Normalpotential für: $Pb^{2+} + 2\,e^- > Pb$ (V)	−0,125		
Atomradius (pm)	175		
Van der Waals-Radius (berechnet, pm):	202		
Kovalenter Radius (pm):	146		
Ionenradius (Pb^{4+} ♦ Pb^{2+}, pm)	74 ♦ 96		
Elektronenkonfiguration	[Xe] $4f^{14}\,5d^{10}\,6s^2\,6p^2$		
Ionisierungsenergie (kJ/mol), erste ♦ zweite ♦ dritte ♦ vierte	716 ♦ 1451 ♦ 3082 ♦ 4083		
Magnetische Volumensuszeptibilität	$-1,6 \times 10^{-5}$		
Magnetismus	Diamagnetisch		
Kristallsystem	Kubisch-flächenzentriert		
Elektrische Leitfähigkeit ([A/(V × m)], bei 300 K)	$4,76 \times 10^6$		
Elastizitäts- ♦ Kompressions- ♦ Schermodul (GPa)	16 ♦ 46 ♦ 5,6		
Vickers-Härte ♦ Brinell-Härte (MPa)	− ♦ 38–50		
Mohs-Härte	1,5		
Schallgeschwindigkeit (m/s, bei 293,15 K)	1190		
Dichte (g/cm³, bei 293,15 K)	11,34		
Molares Volumen (m³/mol, im festen Zustand)	$18,26 \times 10^{-6}$		

Wärmeleitfähigkeit ([W/(m × K)])	35
Spezifische Wärme ([J/(mol × K)])	26,65
Schmelzpunkt (°C ♦ K)	327,4 ♦ 600,6
Schmelzwärme (kJ/mol)	4,85
Siedepunkt (°C ♦ K)	1744 ♦ 2017
Verdampfungswärme (kJ/mol)	177

Vorkommen Blei tritt in der Natur meist in Form sulfidischer Erze und nur selten gediegen auf. Man wies es weltweit bislang an etwa 130 Fundorten nach, wobei die Zusammensetzung der Isotope immer unterschiedlich ist.

In Deutschland baute man es früher in der Eifel, im Schwarzwald, im Harz und in Sachsen ab; heutzutage sind nur noch zwei Bleihütten in Betrieb (Binsfeldhammer in Stolberg/Aachen und Metaleurop bei Bremerhaven). Die Wiedergewinnung des Metalls, vor allem aus gebrauchten Autobatterien, herrscht eindeutig vor.

Das wichtigste Bleierz ist Galenit (Bleisulfid PbS, Bleiglanz), der oft mit Sulfiden anderer Metalle (Kupfer, Zink, Arsen, Antimon) vergesellschaftet ist. Daneben kommen Cerussit (Blei-II-carbonat, $PbCO_3$), Krokoit (Blei-II-chromat, $PbCrO_4$) und Anglesit (Blei-II-sulfat, $PbSO_4$) vor. Insgesamt kennt man mehr als 500 bleihaltige Minerale.

Die weltweiten Reserven betragen knapp 70 Mio. t bei einer gleichzeitigen Jahresförderung von ca. 4 Mio. t. Die bedeutendsten Vorkommen liegen in China (Fördermenge ca. 1 Mio. t/a), in den USA (ca. 0,5 Mio. t/a), in Kanada, in Australien (ca. 0,7 Mio. t/a) und in Russland. Daneben die größten Vorkommen findet man in der Volksrepublik China, den USA, Australien, Russland und Kanada. In Europa sind Schweden, Polen und Irland die Länder mit den größten Vorkommen und auch Fördermengen.

Raffiniertes Blei (Hüttenweichblei mit 99,9 % Gehalt) wird zur Zeit in jährlichen Mengen von etwa 7 Mio. t produziert. China kommt für ein Viertel, die USA für ein Sechstel und Deutschland für 5 % dieser Menge auf. Großbritannien, Italien, Frankreich und Spanien sind weitere wichtige Herstellländer für Hüttenweichblei.

Gewinnung Das Bleisulfid (Galenit, PbS) wird zerkleinert, sortiert und flotiert, wodurch eine Anreicherung auf bis zu 60 % Mineralanteil erreicht wird. Das Erz wird dann mittels Röstreaktion und -reduktion oder heutzutage durch das umweltverträglichere Direktschmelzverfahren in metallisches Blei überführt.

Das fein zerkleinerte Bleisulfid legt man auf einen beweglichen Rost und leitet von unten her 1000 °C heiße Luft hindurch; man röstet es. Bleisulfid wird zu Blei-II-oxid und Schwefeldioxid verbrannt. Letzteres wird ausgetragen und für die Produktion von Schwefelsäure verwendet. Das unter den herrschenden Bedingungen flüssige Blei-II-oxid fließt nach unten ab:

$$2\,PbS + 3\,O_2 \rightarrow 2\,PbO + 2\,SO_2$$

Das Blei-II-oxid wird dann in einem Schachtofen mit Koks zu Blei reduziert; dies unter Zufügung schlackebildender Zusätze (Kalk):

$$PbO + C \rightarrow Pb + CO$$

Hat das Bleierz bereits einen hohen Gehalt an Bleisulfid, so röstet man es zunächst nur unvollständig, so dass ein aus Bleisulfid (PbS) und Bleioxid (PbO) bestehendes Gemisch entsteht. Jenes erhitzt man unter Luftabschluss, so dass das Bleioxid mit dem übrigen Bleisulfid direkt zu Blei und Schwefeldioxid reagiert (Röstreaktionsarbeit):

$$PbS + 2\,PbO \rightarrow 3\,Pb + SO_2$$

Das modernere Direktschmelzverfahren läuft kontinuierlich und ist stark auf Umweltschutz und Wirtschaftlichkeit ausgerichtet. Es gibt nur einen Reaktionsraum; das mit reinem Sauerstoff durchgeführte Rösten und Reduktion geschehen zeitgleich in einem Reaktor. Das Bleisulfid wird ebenfalls nicht vollständig geröstet, das Blei entsteht durch Reaktion des Bleisulfids mit Bleioxid. Aus dem leicht abschüssig ausgerichteten Boden des Reaktors fließen Blei und bleioxidbeladene Schlacke in die Reduktionszone ab. Dort wird Kohlenstaub eingeblasen und das noch vorhandene Bleioxid zu Blei reduziert. Vorteile sind ein geringeres Abgasvolumen, das einen hohen Gehalt an Schwefeldioxid besitzt, was wiederum für die Herstellung von Schwefelsäure günstiger ist.

Das so gebildete Werkblei enthält noch 2–5 % metallische Verunreinigungen (Edelmetalle, Arsen, Antimon, Bismut, Zinn). Das folgende Schmelzen mit Natriumcarbonat und -nitrat oxidiert Zinn, Arsen und Antimon, die als Bleistannat, -arsenat und -antimonat von der Oberfläche der Metallschmelze abgeschöpft werden (Antimonabstrich).

Die Übergangsmetalle Kobalt, Nickel, Kupfer und Zink entfernt man durch Seigern, Silber durch Zugabe von Zink (Parkes-Verfahren) und Bismut nach Kroll und Betterton durch Legieren mit Calcium und Magnesium; dieser „Bismutschaum" schwimmt auf der Oberfläche des flüssigen Bleis auf und kann von dieser abgezogen werden.

Eine zusätzliche, aber teure Möglichkeit der Reinigung ist die in wässriger Lösung durchführbare elektrolytische Raffination. Blei wird gemäß der elektrochemischen Spannungsreihe leichter oxidiert als Wasserstoff ($Pb^{2+} + 2e^- \rightarrow Pb$; Normalpotential: $-0{,}125\,V$), jedoch besitzt letzterer an Blei eine hohe Überspannung. Dadurch kann Blei elektrolytisch aus wässriger Lösung abgeschieden werden.

Raffiniertes Blei (Weichblei) besitzt eine Reinheit von 99,9 % an aufwärts, Feinblei eine ab 99,985 %. Kabelblei ist eine Legierung mit einem Kupferanteil von ca. 0,04 % Kupfer.

Eigenschaften Blei ist wesentlich edler als Eisen, Zink oder Aluminium (de Marcillac et al. 2003). Das weiche, duktile Schwermetall kristallisiert kubisch-flächenzentriert und lässt sich leicht zu Blechen walzen oder Drähten formen. Eine Modifikation ähnlich der des Diamanten mit kovalenten Bindungen zwischen Bleiatomen bildet das Element nicht mehr. Natürlich vorkommendes Blei ist etwas härter aufgrund der in ihm enthaltenen Verunreinigungen (Audi et al. 2003).

Früher schrieb man mit Stiften aus Blei, die einen grauen Strich auf Papier hinterlassen. Sein Schmelzpunkt liegt bei 327 °C, sein Siedepunkt bei ca. 1744 °C. Es besitzt elektrische Leitfähigkeit, die aber weit unter derjenigen anderer Metalle liegt. Unterhalb von einer Temperatur von -266 °C wird Blei supraleitend.

Blei überzieht sich an der Luft mit einer Schicht aus Bleioxid und ist so vor weiterer Oxidation geschützt. In feinverteiltem Zustand ist Blei leichtentzündlich. Es reagiert nicht mit Salz-, Fluss- und Schwefelsäure, da sich an der Metalloberfläche die jeweiligen schwerlöslichen Salze Blei-II-fluorid, -chlorid und -sulfat bilden. In heißer konzentrierter Schwefel- und Salpetersäure ist es jedoch löslich; in ersterer bilden sich Sulfatoplumbat-Anionen, in letzterer leicht lösliches Blei-II-nitrat. Die Oxidationszahl $+2$ ist stabiler als $+4$.

Die früher verbreiteten, aus Blei hergestellten Trinkwasserleitungen geben nur in hartem, stark carbonat- und/oder sulfathaltigem Wasser sehr geringe Mengen Blei ans Wasser ab. Ist das Wasser weich und tritt sogar noch Luftsauerstoff hinzu, kann das Leitungsmaterial erhebliche Mengen Blei ans Wasser abgeben, was eine ernste Gesundheitsgefahr darstellt.

Verbindungen Die Verbindungen, in denen Blei mit der Oxidationszahl $+2$ auftritt, sind am stabilsten. Blei-IV-Verbindungen sind meist starke Oxidationsmittel.

Verbindungen mit Sauerstoff Blei-II-oxid (PbO) tritt in Form zweier Modifikationen auf, als rote Bleiglätte (Lithargit) und als gelber Massicotit, die beide früher als Farbpigment eingesetzt wurden. PbO wird durch Überleiten von Luft über geschmolzenes Blei hergestellt; man erhält es ebenfalls beim oben bereits beschriebenen Rösten von Bleisulfiderz. Bei Raumtemperatur ist die rote Modifikation stabil, die sich oberhalb einer Temperatur von 488 °C in die gelbe, bei Raumtemperatur noch metastabile (Massicotit) umwandelt. Einfluss von Licht und Luft verfärben Blei-II-oxid schwarzbraun infolge Oxidation zu Blei-IV-oxid. Es löst sich in Säuren, in geringem Umfang auch in Basen.

Das leuchtend rote Blei-II, IV-oxid (Pb_3O_4, Mennige) verwendete man in der römischen Antike als Farbpigment, in der jüngeren Vergangenheit oft als Rostschutzanstrich. Es ist in Deutschland aber seit langem für diesen Einsatzzweck verboten. Mennige wird zur Produktion von Bleikristallglas verwendet. Man stellt Mennige durch gezielte Oxidation von Bleigelb bei 480 °C her.

Blei-IV-oxid (PbO_2) ist ein schwarz-braunes Pulver und dient weitverbreitet als Elektrodenmaterial in Bleiakkumulatoren und als Oxidationsmittel für chemische Synthesen. Man stellt es entweder durch elektrolytische Oxidation oder durch Umsetzung von Blei-II-verbindungen mit Chlor her. Die insgesamt fünf Modifikationen der Verbindung sind durch Druck- und Temperaturänderungen ineinander überführbar; unter Normalbedingungen kristallisiert Blei-IV-oxid tetragonal (Rutilstruktur). Es ist ein starkes Oxidationsmittel und spaltet beim Erhitzen Sauerstoff ab, dabei bilden sich zunächst Mennige und dann Blei-II-oxid.

Blei-IV-oxid verwendet man zur Herstellung von Farbstoffen, Chemikalien, als Reibmasse an Streichhölzern, zur Härtung sulfidischer Polymere, aber vor allem aber als Elektrode in Autobatterien bzw. Akkumulatoren. Es ist jedoch teratogen und krebserregend; daher ist es entsprechend als gesundheitsschädlich und umweltgefährlich eingestuft.

Verbindungen mit Halogenen Blei-II-fluorid ist ein farb- und geruchloser Feststoff, der sehr schwer löslich in Wasser ist. Es wird in niedrig schmelzenden Gläsern, in Beschichtungen von Spiegeln für Infrarotlicht und als Katalysator zur Herstellung von Picolin verwendet.

Blei-II-chlorid entsteht durch Umsetzung von Blei mit Chlor bzw. Blei-II-oxid mit Salzsäure:

$$Pb + Cl_2 \rightarrow PbCl_2 \qquad PbO + 2HCl \rightarrow PbCl_2 + H_2O$$

Da die Verbindung schwer löslich ist, kann man es durch Zugabe von Chlorid zu wässrigen Lösungen von Blei-II-salzen aus diesen ausfällen. Blei fällt daher zum großen Teil schon in der Salzsäuregruppe des qualitativen Kationentrennungsganges aus. Blei-II-chlorid schmilzt bzw. siedet bei einer Temperatur von 500 bzw. 950 °C (Holleman et al. 2007, S. 1013–1015).

Blei-IV-chlorid ($PbCl_4$) ist bei Raumtemperatur eine unbeständige, gelbe, ölige und an der Luft rauchende Flüssigkeit. Sie zerfällt bereits oberhalb von 50 °C zu Blei-II-chlorid und Chlor. Man stellt Blei-IV-chlorid beispielsweise durch Umsetzung von Blei mit Chlorgas her.

Weitere Verbindungen Blei-II-sulfid (PbS) kommt als Bleiglanz (Galenit) in der Natur vor und ist Ausgangsmaterial zur Gewinnung von Blei. Man stellt es z. B.

durch Einleiten von Schwefelwasserstoff in eine wässrige Lösung eines Blei-II-salzes her. Die Substanz ist elektrisch halbleitend und findet Verwendung als Detektor, außerdem als Vulkanisationsbeschleuniger für Kautschuk und als Rohstoff in der Glas- und Keramikindustrie.

Blei-II-sulfat ($PbSO_4$) diente früher als Weißpigment, ebenso basisches Blei-carbonat (Bleiweiß). Beide wurden mittlerweile durch weniger giftige Substanzen (Titandioxid) ersetzt. Auch Bleichromat benutzte man seinerzeit als oranges Farbpigment.

Blei-II-acetat [$Pb(CH_3COO)_2 * 3H_2O$] mischte man früher zum Süßen auch Wein zu; naturgemäß traten hierdurch tödliche Vergiftungen auf (Bleizucker).

Tetramethylblei [$(CH_3)_4Pb$] und sein höheres Homologes, das Tetraethylblei, setzte man bis Mitte der 1980er Jahre noch Ottokraftstoffen zu, um deren Klopffestigkeit zu erhöhen. Diese Verbindungen verursachten aber sehr große Probleme durch Belastung der Umwelt mit Blei, daher sind diese seit drei Jahrzehnten aus Kraftstoffen dieser Art verbannt.

Anwendungen Die Autoindustrie ist mit einem Anteil von etwa zwei Dritteln des gesamten Bedarfes der stärkste Verbraucher von Blei (praktisch ausschließlich in Form von Blei-IV-oxid für Batterien). Weitere 20 % werden in der chemischen Industrie verarbeitet. Die Weltmarktpreise für Blei liegen heute bei etwa 1600,– € (Mueller, boerse.de, 26. Juni 2015).

Wegen seiner Giftigkeit wird Blei dort, wo es möglich ist, ersetzt. Es hat aber immer noch eine große Bedeutung als Material für Legierungen, weil es leicht herstellbar ist und eine hohe Dichte sowie Beständigkeit gegenüber Korrosion besitzt. So ist es auch beständig gegenüber Schwefelsäure und zu einem hohen Grad auch Halogenen. Daher wird es als Korrosionsschutz im Apparate- und Behälterbau eingesetzt. Das Bleikammerverfahren zur Herstellung von Schwefelsäure verwandte Blei als Behältermaterial. Auch in Überlandkabeln fand es daher Einsatz.

Blei wird durch Zulegieren anderer Metalle in seinen Eigenschaften wie Härte, Schmelzpunkt oder Korrosionsbeständigkeit verändert. Hartblei, eine im Apparatebau eingesetzte Legierung aus Blei und Antimon, ist deutlich härter und daher mechanisch stabiler als reines Blei.

Letternmetall enthält 60–90 % Blei und als weitere Komponenten Antimon und Zinn. Wurde es früher noch in großem Stile für den Buchdruck gebraucht, spielt es heute nur noch zum Druck für klassische Ausgaben eine Rolle.

Blei absorbiert effektiv Röntgen- und Gammastrahlung. Da es darüber hinaus relativ preiswert und gut verarbeitbar ist, setzt man es oft als – noch weitgehend unverzichtbares – Material zum Strahlenschutz ein. Die im hinteren Teil von in Fernsehgeräten und Computern eingebauten Kathodenstrahlröhren entstehenden weichen Röntgenstrahlen schirmt Blei wirkungsvoll ab. Bleihaltiges Glas ist ebenso hierfür verwendbar, daneben stellt man daraus hochwertiges Glas her (Bleikristallglas).

Rohre aus Blei werden seit mehreren Jahrzehnten nicht mehr verbaut, da sich auf der Oberfläche des Metalls zwar eine Deckschicht aus schwerlöslichem Bleicarbonat bildet, die aber die Auflösung von Blei im Wasser nicht vollständig unterdrückt. Die so resultierenden Konzentrationen gelösten Bleis übersteigen die nach der Trinkwasserverordnung erlaubten klar (Stiftung Warentest 2010).

Blei wird im Bauwesen eingesetzt, wo in Stein eingelassene Metallteile von Blei umhüllt werden, das das Bindeglied zwischen Stein und Metall ist. Diese Technik ist seit dem Mittelalter verbreitet. Mit Walzblei fasst man Dachöffnungen (Fenster) ein.

Blei wurde und wird als Grundmaterial für Geschosse verwendet, dies wegen seiner hohen Dichte und Durchschlagskraft, und weil es durch Gießen auch leicht zu verarbeiten ist. Bleimunition wird heute mit einer Kupferlegierung ummantelt, damit die Geschosse höhere Geschwindigkeiten erreichen können. Aus Bleischrot gefertigte Jagdmunition ist wegen ihrer potenziellen Gefährlichkeit für Mensch und Umwelt in der öffentlichen Diskussion (swr.de 2011; Lange 2002)

Taucher benutzen Bleigewichte, z. B. auf den Hüftgurt gereiht oder in Form von Schrotkugeln in den Taschen einer Tarierweste, um im Wasser schnell absinken zu können. Der Ballast kann erforderlichenfalls schnell abgeworfen werden. Die früher zum Auswuchten von Autoreifen verwendeten Bleigewichte sind seit zehn Jahren verboten und durch andere, ähnlich schwere Metalle ersetzt worden. Blei ist auch Bestandteil von Schwingungsdämpfern in erschütterungsempfindlichen Bauteilen von Autos und dient zur Stabilisierung von Schiffen.

In einer Autobatterie sind jeweils eine Elektrode aus Blei- und aus Blei-IV-oxid installiert, die in 37 %ige Schwefelsäure als Elektrolyt tauchen. Dieser Akkumulator liefert eine Spannung von 2,06 Volt. Bei der elektrochemischen Reaktion entsteht unlösliches Blei-II-sulfat, das durch Wiederaufladen aber zurück in Blei und Blei-IV-oxid überführt wird.

Blei war häufiger Bestandteil von Legierungen, die zum Löten benutzt werden (u. a. Weichlot); noch 1998 setzte man 20.000 t Blei darin ein. Seit knapp zehn Jahren darf es aber kraft einer entsprechenden EU-Verordnung in vielen Loten nicht mehr verwendet werden.

Analytik Die Anforderungen an die Analytik sind bezüglich hochtoxischer Schwermetalle wie Blei sehr hoch. Bei der Atomabsorptionsspektrometrie überführt man gelöstes Blei mittels Natriumborhydrid ($NaBH_4$) in leicht flüchtigen Bleiwasserstoff (PbH_4, Plumban), ein äußerst giftiges Gas vom Kondensationspunkt $-13\,°C$.

Dieses zersetzt sich leicht in die Elemente. Es wird in eine Quarzküvette geleitet, die dann auf Temperaturen von über 900 °C erhitzt wird. Die Absorption bei einer Wellenlänge von 283,3 nm wird mittels einer Hohlkathodenlampe gemessen (Nachweisgrenze: < 5 ng/ml) (Maleki et al. 1999; Townsend et al. 1998).

Die Atomemissionspektrometrie ermöglicht den Nachweis von Blei in Trinkwasser bis hinunter zu Konzentrationen von 15,3 ng/ml (Zougagh et al. 2004; Chen et al. 2009).

Die Massenspektroskopie analysiert das Isotop $^{206}_{82}$Pb; die ICP-MS bestimmt die Konzentration von in Urin gelöstem Blei bis herab zu 4,2 pg/g.

Toxizität Elementares, kompaktes Blei ist für den Menschen kaum giftig, da die Hautresorption sehr schwach ist und sich auf dem Metall an der Luft außerdem eine schwer wasserlösliche Schicht aus Blei-II-carbonat bildet. Als Staub wird es vor allem über die Lunge aufgenommen. Toxisch sind vor allem wasserlösliche sowie organische Bleiverbindungen; letztere werden leicht über die Haut aufgenommen.

Seit 2006 gelten Stäube und andere über die Lunge resorbierbare Formen von Blei und seiner Verbindungen als krebserregend, Ausnahme ist Bleichromat.

Im menschlichen Körper wird Blei akkumuliert und nur sehr langsam wieder ausgeschieden, da es sich in Knochen anreichert. Eine chronische Vergiftung äußert sich in Kopfschmerzen, Müdigkeit, Abmagerung und Defekten der Blutbildung, des Nervensystems und der Muskulatur. Eine akute Bleivergiftung kann tödlich enden. Die Ursache für die Toxizität des Bleis liegt darin, dass es bestimmte (schwefelhaltige) Enzyme hemmt und so den Einbau von Eisenionen in das Molekül des Hämoglobins verhindert bzw. stark verzögert.

5.6 Flerovium

Symbol	Fl		
Ordnungszahl	114		
CAS-Nr.	54085-16-4		
Aussehen	Unbekannt, wahrscheinlich metallisch		
Entdecker, Jahr	Vereinigtes Institut für Kernforschung (Russland) und Lawrence Livermore National Laboratory (USA), 1999		
Wichtige Isotope [natürliches Vorkommen (%)]	Halbwertszeit	Zerfallsart, -produkt	
$^{285}_{114}$Fl (synthetisch)	5 s	$\alpha > {}^{281}_{112}$Cn	
$^{289}_{114}$Fl (synthetisch)	2,7 s	$\alpha > {}^{285}_{112}$Cn	

Massenanteil in der Erdhülle (ppm)	–
Atommasse (u)	$(289)^a$
Elektronegativität (Pauling ♦ Allred&Rochow ♦ Mulliken)	Keine Angabe
Normalpotential für: $Fl^{2+} + 2\,e^- > Fl$ (V)	$+0,9^a$
Atomradius (pm)	180^a
Van der Waals-Radius (berechnet, pm)	Keine Angabe
Kovalenter Radius (pm)	$171–177^a$
Elektronenkonfiguration	$[Rn]\ 5f^{14}\ 6d^{10}\ 7s^2\ 7p^2$
Ionisierungsenergie (kJ/mol), erste ♦ zweite ♦ dritte	$824^{\,a}$ ♦ $1602^{\,a}$ ♦ $3367^{\,a}$
Magnetische Volumensuszeptibilität	Keine Angabe
Magnetismus	Diamagnetisch
Kristallsystem	Keine Angabe
Schallgeschwindigkeit (m/s, bei 273,15 K)	Keine Angabe
Dichte (g/cm³, bei 293,15 K)	14^a
Molares Volumen (m³/mol, im festen Zustand)	$20,6 \times 10^{-6\,a}$
Wärmeleitfähigkeit ($[W/(m \times K)]$)	Keine Angabe
Spezifische Wärme ($[J/(mol \times K)]$)	Keine Angabe
Schmelzpunkt (°C ♦ K)	67 ♦ 340^a
Schmelzwärme (kJ/mol)	$5,90–5,98^a$
Siedepunkt (°C ♦ K)	147 ♦ 420^a
Verdampfungswärme (kJ/mol)	38^a

[a] Geschätzte bzw. vorhergesagte Werte

Herstellung Das zu den Transactinoiden gehörende Flerovium wurde schon 1999 im Rahmen einer Kooperation des Vereinigten Instituts für Kernforschung (Dubna/ Russland) und des amerikanischen Lawrence Livermore National Laboratory durch Bombardierung von Kernen des Isotops $^{244}_{94}Pu$ mit $^{48}_{20}Ca$-Nukliden erzeugt:

$$^{244}_{94}Pu + {}^{48}_{20}Ca \rightarrow {}^{292}_{114}Fl$$

Eigenschaften Das stabilste der bisher bekannten Flerovium-Isotope, $^{289}_{114}Fl$, hat mit 2,7 s eine vergleichsweise lange Halbwertszeit. Die Ordnungszahl 114 ist eine der wenigen magischen Zahlen, insofern ragt dieses Isotop bezüglich seiner Stabilität aus der Masse der Nuklide seiner unmittelbaren Umgebung deutlich heraus.

Physikalische Eigenschaften wie der voraussichtliche Schmelz- und Siedepunkt werden noch diskutiert. Infolge des abschirmenden Einflusses des „inerten" $7s^2$-Elektronenpaars wird ein erheblich schwächerer Zusammenhalt der Atome im Metallgitter vorhergesagt, so dass hier ein gewisser Übergang zu den Atomgittern der Edelgase denkbar ist (Gäggeler 2007; Flerov Laboratory of Nuclear Reactions 2009). Ergebnisse von später durchgeführten Untersuchungen schwächten die Aussage, dass Flerovium voraussichtlich Ähnlichkeit mit Edelgasen habe, etwas ab (Eichler at al. 2010). In jedem Falle dürfte Flerovium hinsichtlich seiner Eigenschaften stark von seinen niedrigeren Homologen, dem Blei und dem Zinn, abweichen.

Dieser schwache Zusammenhalt der Atome untereinander dürfte jedoch noch verschärft werden durch die sehr starke, die Gitterkräfte störende Radioaktivität, so dass manche Modelle Flerovium als ein Metall sehen, das dicht oberhalb der Raumtemperatur schmilzt und ansonsten eine Flüchtigkeit wie Quecksilber besitzt (Eichler et al. 2010). Da mit einem Wert von $+0{,}9$ V (!) ein stark positives Normalpotential für die Reaktion $Fl^{2+}+2\,e^- \rightarrow Fl$ erwartet wird, sollte Flerovium den Charakter eines Halbedelmetalls haben.

Kratz und Düllmann postulierten mit Blick auf Copernicium und Flerovium im Jahre 2012 sogar die Existenz von bei Raumtemperatur „gasförmiger Metalle".

Verbindungen: Die Oxidationszahl $+2$ sollte viel stabiler als $+4$ sein (Haire 2006; Fricke 1975). So sollte Fleroviumdioxid (FlO_2), vor allem aber „Flerovan" (FlH_4) sehr instabil sein und jeweils schnell in die Elemente zerfallen. Die einzig stabile Verbindung könnte das Tetrafluorid (FlF_4) sein (Gäggeler 2007; Eichler at al. 2010). Erwartet wird, dass Flerovium-II-halogenide sehr stabil und mit Ausnahme des Fluorids schlecht löslich in Wasser sein (Winter 2012), umgekehrt das -II-sulfid und -sulfat extrem unlöslich in Wasser sein sollten.

Literaturverzeichnis/Zum Weiterlesen

S. Adachi, *Properties of group-IV, III–V and II–VI semiconductors* (Wiley, New York, 2005). ISBN 0-470-09032-4

G. Audi et al., The NUBASE evaluation of nuclear and decay properties. Nucl. Phys. **A 729**, 3–128 (2003)

V.R. Ball, *Diamonds, gold and coal of India* (L Truebner & Co, London, 1881), Kapitel 1, S. 1

S.S. Bayya et al., Infrared transparent germanate glass-ceramics. J. Am. Ceram. Soc. **85**(12), 3114–3116 (2002)

L. Bernstein, Germanium geochemistry and mineralogy. Geochim. Cosmochim. Acta. **49**(11), 2409 (1985)

K. Cammann, *Instrumentelle Analytische Chemie* (Spektrum Akademischer, Heidelberg, 2001), S. 4–47

W.J. Cantwell, J. Morton, The impact resistance of composite materials – a review. Composites. **22**(5), 347–362 (1991)

W.R. Catelle, The diamond (John Lane Company, New York/London, 1911), S. 159

Z. Chen et al., Catalytic kinetic methods for photometric or fluorometric determination of heavy metal ions. Microchim. Acta. **164**, 311–336 (2009)

F. Clifford, U. Marvin, Lonsdaleite, a new hexagonal polymorph of diamond. Nature. **214**(5088), 587–589 (1967)

R.T. Coelho et al., The application of polycrystalline diamond (PCD) tool materials when drilling and reaming aluminum-based alloys including MMC. Int. J. Mach. Tools Manuf. **35**(5), 761–774 (1995)

A.T. Collins, The optical and electronic properties of semiconducting diamond. Philos. Trans. R. Soc. A. **342**(1664), 233–244 (1993)

A.G. Davies, *Organotin chemistry*, Bd. 1. (Wiley-VCH Verlag GmbH & Co. KGaA, Weinheim, 2004). ISBN 3-527-31023-1

P. De Marcillac et al., Experimental detection of α-particles from the radioactive decay of natural bismuth. Nature. **422**, 876–878 (2003)

N. Deprez, D.S. McLachan, The analysis of the electrical conductivity of graphite conductivity of graphite powders during compaction. J. Phys. D Appl. Phys. (Institute of Physics). **21**(1), 101–107 (1988)

Diamant-Kontor, Foto (2015) „Diamant Koh-I-Noor", www.diamanten-diamant.de

© Springer Fachmedien Wiesbaden 2016

H. Sicius, *Kohlenstoffgruppe: Elemente der vierten Hauptgruppe,* essentials,

DOI 10.1007/978-3-658-11166-3

M. Dienwiebel et al., Superlubricity of graphite. Phys. Rev. Lett. **92**(12), 126101 (2004)

M.S. Dresselhaus et al., *Carbon nanotubes: synthesis, structures, properties and applicati-*
ons (Springer, Berlin, 2001). ISBN 3-540-41086-4 (Topics in Applied Physics **80**)

O.P. Drugoveiko et al., Infrared reflectance and transmission spectra of germanium dioxide
and its hydrolysis products. J. Appl. Spectrosc. **22**(2), 191 (1975)

C.E. Düllmann, *Superheavy element 114 is a volatile metal* (Universität Mainz – GSI, Darm-
stadt, 2012)

T.W. Ebbesen, *Carbon nanotubes – preparation and properties* (CRC Press, Boca Raton,
1997). ISBN 0-8493-9602-6

R. Eichler et al., Indication for a volatile element 114. Radiochim. Acta. **98**(3), 133–139
(2010)

C. Elschenbroich, *Organometallchemie*, 4. Aufl. (B. G. Teubner, Wiesbaden, 2003), S. 159

Enricoros, Foto „Silicium, Kristall", (2007)

Flerov Laboratory of Nuclear Reactions, Dubna, Russland, 86–96 (2009)

B. Fricke, Superheavy elements: a prediction of their chemical and physical properties. Re-
cent. Impact Phys. Inorg. Chem. **21**, 89–144 (1975)

H.W. Gäggeler, *Gas phase chemistry of superheavy elements* (Paul Scherrer Institute, Villi-
gen, 5.–7. Nov. 2007)

Gibe, Foto „Germanium, Kristall", (2004)

V.M. Goldschmidt, Ueber das Vorkommen des Germaniums in Steinkohlen und Steinkoh-
lenprodukten, Nachrichten von der Gesellschaft der Wissenschaften zu Göttingen. Ma-
thematisch-Physikalische Klasse. 141–167 (1930)

V.M. Goldschmidt, Cl. Peters, Zur Geochemie des Germaniums, Nachrichten von der Gesellschaft der Wissenschaften zu Göttingen. Math. Phys. Kl. **1933**, 141–167 (1933)

D.E. Guberman, Minerals Yearbook, Germanium Statistics and Information, United States
Geological Survey (U.S. Ministry of the Interior, 2012)

R.G. Haire, *Transactinides and the future elements*, Hrsg. J. Fuger et al. The chemistry of the
actinide and transactinide elements, 3. Aufl (Springer, New York, 2006)

G.E. Harlow, *The nature of diamonds* (Cambridge University Press (Cambridge, Vereinigtes
Königreich), Cambridge, 1998), S. 223. ISBN 0-521-62935-7

D.C. Harris, *Materials for infrared windows and domes: properties and performance* (SPIE,
Bellingham, 1999), S. 303–334. ISBN 0-8194-3482-5

P.J.F. Harris, Fullerene-related structure of commercial glassy carbons. Philos. Mag. **84**(29),
3159–3167 (2004)

A. Hedler, Plastische Deformation von amorphem Silizium unter Hochenergie-Ionenbe-
strahlung, (Dissertation, Friedrich-Schiller-Universität Jena, 2006), S. 27

J.W. Hershey, *The book of diamonds: their Curious Lore, properties, tests and synthetic*
manufacture (Kessinger Publishing LLC, Whitefish, 1940), S. 28. ISBN 1-4179-7715-9

J. Heyrovský, J. Kůta, *Grundlagen der Polarographie* (Akademie, Ost-Berlin, 1965), S. 516

R. Höll et al., Metallogenesis of germanium – a review. Ore Geol. Rev. **30**(3–4), 145–180
(2007)

A. F. Holleman, E. Wiberg, N. Wiberg, *Lehrbuch der Anorganischen Chemie*, 101. Aufl. (De
Gruyter, Berlin, 1995), S. 965. ISBN 3-11-012641-9

A.F. Holleman, E. Wiberg, N. Wiberg, *Lehrbuch der Anorganischen Chemie*, 102. Aufl. (De
Gruyter, Berlin, 2007a), S. 922. ISBN 978-3-11-017770-1

A.F. Holleman, E. Wiberg, N. Wiberg, *Lehrbuch der Anorganischen Chemie*, 102. Aufl. (De
Gruyter, Berlin, 2007b), S. 1013–1015. ISBN 978-3-11-017770-1

C. Honsberg, S. Bowden, *Optical properties of silicon* (Solar Power Labs, Tempe, 2007)

T. Irifune et al., Materials: ultrahard polycrystalline diamond from graphite. Nature. **421**(6923), 599–600 (2003)

G. Jander, E. Blasius, *Lehrbuch der analytischen und präparativen anorganischen Chemie* (Hirzel, Stuttgart, 2006), S. 499. ISBN 978-3-7776-1388-8

A.J.A. Janse, Global rough diamond production since 1870. Gems Gemol. (GIA). **XLIII**, 98–119 (2007)

J.S. Kilby, Invention of the integrated circuit. IEEE Trans. Electron Devices. **23**(7), 648–654 (1976)

D. Klingmüller, B. Watermann, *TBT – Zinnorganische Verbindungen – eine wissenschaftliche Bestandsaufnahme* (Umweltbundesamt, Berlin 2003). ISSN 0722-186X

E.-C. Koch, D. Clément, Special materials in pyrotechnics: VI. Silicon-an old fuel with new perspectives. Propellants Explos. Pyrotech. **32**(3), 205–212 (2007)

J. Korvnik, A. Greine, *Semiconductors for micro- and nanotechnology* (Wiley-VCH, Weinheim, 2005). ISBN 3-527-30257-3

D. Kovalev et al., Strong explosive interaction of hydrogenated porous silicon with oxygen at cryogenic temperatures. Phys. Rev. Lett. **87**(6), 683011–683014 (2001)

J.V. Kratz, The impact of the properties of the heaviest elements on the chemical and physical sciences. Radiochim. Acta. **100**, 569–578 (2012)

E. Lange, *Bleischrot und Umwelt* (Nabu, Aachen-Land, 2002), http://www.nabu-aachen-land.de/unsere-meinung/bleischrot-und-umwelt. Zugegriffen: 22. Juni 2015

R. Lavinsky, Foto „Blei", vor März (2010)

C. Lee et al., Measurement of the elastic properties and intrinsic strength of monolayer graphene. Science. **321**(5887), 385–388 (2008)

W. Lightstone et al., A bismuth germanate-avalanche photodiode module designed for use in high resolution positron emission tomography. IEEE Trans. Nucl. Sci. **33**(1), 456–459 (1986)

London Metal Exchange (2015), http://www.lme.com/metals/non-ferrous/tin/. Zugegriffen: 23. Juni 2015

V. Lorenz, Argyle in Western Australia: the world's richest diamantiferous pipe; its past and future, Gemmologie. Z. Dtsch. Gemmol. Ges. **56**(1/2), 35–40 (2007)

N. Maleki et al., Determination of lead by hydride generation atomic absorption spectrometry (HGAAS) using a solid medium for generating hydride. J. Anal. At. Spectrom. **14**, 1227–1230 (1999)

R.R. Moskalyk, Review of germanium processing worldwide. Miner. Eng. **17**(3), 393–402 (2004)

T. Mueller, Boerse.de Finanzportal GmbH, Rosenheim, http://www.boerse.de/rohstoffe/Bleipreis/XC0005705527. Zugegriffen: 26. Juni 2015

J. Nanning, Verfahren zum Herstellen von Indiumoxid-Zinnoxid-Schichten, EP 0114282, veröffentlicht, Schott Glaswerke und Carl-Zeiss-Stiftung, Mainz, Deutschland (1. Aug. 1984)

A. Nasibulin et al., Investigations of NanoBud formation. Chem. Phys. Lett. **446**, 109–114 (2007)

V. Naumov, World market of germanium and its prospects. Russ. J. Non-Ferrous. Metals. **48**(4), 265–272 (2007)

S. Nusinovich, *Introduction to the physics of gyrotrons* (John Hopkins University Press, Baltimore, 2004), S. 229. ISBN 0-8018-7921-3.

W. Olson, Minerals yearbook, graphite statistics and information, 2009, United States geological survey (U.S. Department of the Interior, 2011)

W. Olson, Minerals yearbook, Industrial diamonds statistics and information, United States geological survey (U.S. Ministry of the Interior, 2015)

D. Palik, G. Ghosh, *Handbook of optical constants of solid* (Academic Press, San Diego, 1998). ISBN 0-12-544420-6.

H. Pniok, Alchemist-hp, www.mendelejew-pse.de, Foto „Glasartiger Kohlenstoff" (2014)

Popular Mechanics, New York, NY , USA, publiziert 20. März 2015, http://www.popularmechanics.com/science/a14651/this-scientist-invented-a-simply-way-to-mass-produce-graphene/. Zugegriffen: 12. Juni 2015

D. Quane, R.S. Bottei, Organogermanium chemistry. Chem. Rev. **63**(4), 403–442 (1963)

H. Reuter, R. Pawlak, Zinnhalogenverbindungen – II. Die Molekül- und Kristallstrukturen von Zinn-IV-bromid und -iodid. Z. Kristallogr. **216**, 34–38 (2001)

E. Riedel, C. Janiak, *Anorganische Chemie*, 8. Aufl (De Gruyter, Berlin, 2011), S. 521

H. Rieke, Infrared detector arrays for astronomy. Annu. Rev. Astron. Astrophys. **45**(1), 77 (2007)

V. Rode et al., Structural analysis of a carbon foam formed by high pulse-rate laser ablation. Appl. Phys. A-Materi. Sci. Process. **69**(7), 755–758 (1999)

B. Sanderson, *Toughest stuff known to man: discovery opens door to space elevator* (New York Post, New York, 25. August 2008), www.nypost.com

J. Satge, Reactive intermediates in organogermanium chemistry. Pure Appl. Chem. **56**(1), 137–150 (1984)

W.J. Scott et al., Tetramethylstannane. Encyclopedia of reagents for organic synthesis, Wiley Online Library (2002)

C. Seidler, Probebohrung bestätigt riesiges Zinnvorkommen, Spiegel Online, (30. Aug. 2012), http://www.spiegel.de/wissenschaft/natur/sachsen-riesiges-zinnvorkommen-begeistert-geologen-a-852784.html. Zugegriffen: 22. Juni 2015

H. Sicius, Private Mitteilung (Foto: „Graphit, Pulver"), 2015a

H. Sicius, Private Mitteilung (Foto: „Silicium, Pulver"), 2015b

H. Sicius, Private Mitteilung (Foto: „Germanium, Pulver"), 2015c

H. Sicius, Private Mitteilung (Foto: „Zinn, Pulver und Stab"), 2015d

H. Sicius, Private Mitteilung (Foto: „Blei, Plättchen"), 2015e

E. Sirtl, K. Reuschel, Über die Reduktion von Chlorsilanen mit Wasserstoff. Z. Anorgan. Allg. Chem. **332**(3–4), 113–123 (1964)

Stiftung Warentest, Stiftung Warentest warnt vor Blei im Trinkwasser (Berlin, 2010), https://www.test.de/presse/pressemitteilungen/Weltwassertag-am-22-Maerz-Stiftung-Warentest-warnt-vor-Blei-im-Trinkwasser-1855387-0/. Zugegriffen: 19. März 2010

Südwestdeutscher Rundfunk Baden-Württemberg (2011), www.swr.de/odysso/umwelt/-/id=6381798/nid=6381798/did=8802802/qfx7zl/index.html, Sendung. Zugegriffen: 10. Dez. 2011

S.H. Tao, P.M. Bolger, Hazard assessment of germanium supplements. Regul. Toxic. Pharmacol. **25**(3), 211–219 (1997)

K. Teal, Single crystals of germanium and silicon-basic to the transistor and integrated circuit. IEEE Trans. Electron Devices. **ED-23**(7), 621–639 (1976)

A. Townsend et al., The determination of copper, zinc, cadmium and lead in urine by high resolution ICP-MS. J. Anal. At. Spectrom. **13**, 1213–1219 (1998)

P. Vogt et al., Silicene: compelling experimental evidence for graphenelike two-dimensional silicon. Phys. Rev. Lett. **108**(15), 155501 (2012)

C. Wagner, N. Harned, EUV lithography: lithography gets extreme. Nat. Photon. **4**(1), 24–26 (2010)

M. Weidenbruch, J. Schlaefke, Verbindungen des Germaniums und Zinns VII: Ein Distannan mit sehr langer Sn-Sn-Bindung und synperiplanarer Konformation. J. Organomet. Chem. **414**(3), 319–325 (1991)

M. Winter, *Flerovium: the essentials, webelements* (University of Sheffield, England, 2012)

M. Zazula, *On graphite transformations at high temperature and pressure induced by absorption of the LHC beam* (CERN, Genf, 1997)

M. Zougagh et al., Automatic on line preconcentration and determination of lead in water by ICP-AES using a TS-microcolumn. Talanta. **62**, 503–510 (2004)